도자기 교본

- 이론과 실제 -

도자기를 이야기할 사람이라면 누구나 한번쯤은 읽어 보아야 할 도자기 교본서

도자기 교본

— 이론과 실제 —

토암(土菴) 배윤호(裵潤鎬)

天人陶
(1985년 신라미술대상전 공예부 최고상 수상 작품)

도서 출판 정음서원

사전에 있다 하면 틀림없는 것으로 알았는데, 어떤 공예대사전의 도자기부분 설명을 보니 도자기를 잘 모르는 사람이 쓴 것 같고, 인터넷 검색을 해보나, 도자사를 연구하는 모교수가 쓴 글 등을 보나, 모두가 도기와 자기도 구분 못하는 사람이 쓴 것처럼 틀린 곳이 많고 글 전체가 어색하였다. 유식 층의 사람들도 도자기란 용어를 쓸 때는 무난히 잘 설명이 되어가다가도 자기란 말을 쓰게 되니 내용이 틀려진다.

일본은 일반 고등학교용 요업 교과서가 있는데, 우리는 현장을 모르는 이런 사람들의 부정확한 글과 이야기에 의해 쌓여진 지식이기 때문이다. 한번 머리에 기억된 지식은 수정하지 않으려는 관성이 있다. 요즘 도예에 관심이 있어 도자기 공방을 찾는 사람이 많을 뿐 아니라 자녀들 까지도 공방에 보내어 체험하게 하는데, 가르치는 사람들의 책임이 무거움을 다시 느낀다.

우리나라는 도자기원료가 풍부하고 역사적으로 전통을 가진 나라로서 도자기를 바로알고 세계 사람들에게 자랑하고 소개해야 하는데, 현실이 이러한대 교직을 맡았던 사람으로서 책임과 사명감을 느껴 다시 도예와 기술현장을 접근시키고 도자기 이론가나, 공예인들

은 물론이고, 도자기를 이야기 할 사람이라면 한번쯤은 읽어보아야
할 도자기교본 쓰기를 결심하게 되었다.

2019년 3월

土菴 裵 潤 鎬

※ 참고 서적

① 공고 요업과 도자기교과서
② 일본 고등학교용 요업교과서.
③ 도자기공업(조봉환저)
④ 요업공학개론(임응극저)
⑤ 陶磁器釉藥(うおぐすり)
⑥ やきもの鑑定入門
⑦ 西洋やきもの風土記
⑧ PRACTLCAL POTTERY
⑨ ファインセラミクス讀本
⑩ 요업회지와 학회지 등

* 여백에 관련된 이야기를 넣었다.

제 4 장 도자기의 제조

제 8 장 도자기(陶磁器)에 생기는 결점(缺點)

제 1 장
도자기의 개요

제 1 절 세라믹스(Ceramics)와 도자기

인간이 식생활을 시작하면서부터 생활 용구로서 그릇의 필요성을 느끼고 흙을 빚어 용기를 만들어 불에 구워 쓰게 된 것은 유사 이전부터의 오래된 일이다. 불로 고열처리 하여 만드는 공업을 요업이라 하는데, 옛날에는 도자기(서양에서는 + 유리)가 요업(세라믹스)의 전부였는데, 지금은 더욱 세분화 되고 그 활용 범위도 매우 넓어지고 있다.

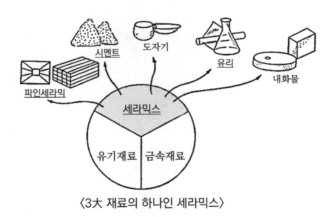

〈3大 재료의 하나인 세라믹스〉

■ 세라믹의 분류

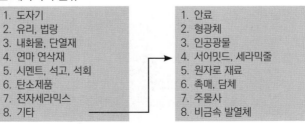

1. 도자기	1. 안료
2. 유리, 법랑	2. 형광체
3. 내화물, 단열재	3. 인공광물
4. 연마 연삭재	4. 서어밋드, 세라믹줄
5. 시멘트, 석고, 석회	5. 원자로 재료
6. 탄소제품	6. 촉매, 담체
7. 전자세라믹스	7. 주물사
8. 기타	8. 비금속 발열체

제 2 절 도자기의 역사

가장 오래 된 도자기로는 이집트에서 BC 5000년 경에 만들어진 토기가 있다, 기원전 3000년 경, 산화구리의 터키청 알카리유 도기가 출토되었으며, 기원전 2000년 경에는 청색의 유약 밑에 산화만강으로 연못에 고기와 수연의 자흑색의 무늬를 넣은 도기가 발견되었다는 것이 종래의 기록이나, 근년 일본에서도 탄소동위원소로 소성 연대를 측정하니 BC 5000년 또는 만년 경의 토기가 발견되었다 하니 소물(燒物)의 역사는 더욱 까마득한 옛날임을 짐작할 수 있다.

1. 중국 도자기

중국에서는 기원전 2000년경 은(殷) 나라 때의 산화철이 내는 색으로 갈색 또는 암갈색의 회유도기가 발견되었고, 2세기 후한 중기의 것으로 추정되는 납 유약에 구리와 철을 써서 색을 낸 녹유도기가 발견되었고,

녹유

삼채

흑유

청자   염부   색회

4세기에는 화남의 절강성을 중심으로 반자체 청자계 도기에 회유가 발달하였고, 화북에서는 백자와 삼채도기가 발달하였다. 14세기 중기(명)에는 중요산업으로 발전하였고, 15세기에는 청자에서 청화 염부 오채로 발전하였고, 17세기 청대에 들어와서 더욱 정교하여 지고 수출산업으로 발전하였다.

2. 우리나라 도자기

우리나라의 옛 도자기는 우리의 조용한 정신자세를 상징하고 선이 곱고 색이 맑고 순수하며 또 실용적인 것을 그 특징으로 하고 있다. 삼국시대에 이미 유약을 쓴 흔적이 있으며 그 유적에서 푸른 유약을 바른 도기가 발견되었다.

■ 신라 도자기

삼국시대에 들어 회흑색의 연질 토기가 발달하면서 신라에서는 4세기 이후 더욱 발전하여 완전히 생활화 되었으며, 일본으로 전해져서 쓰애끼(須惠器)로 발전하였다.

須惠器

　통일 신라에 들어와서 더욱 화려하고 섬세한 무늬를 넣어 도자기의
공예적 가치를 높였다. 그뿐 아니라 겉면에 납유에 의한 녹색유를 입힌
토기를 만들어 도자기로서의 참모습을 나타내고 있다.

■ 고려 자기

　고려의 전기에는 신라토기(석기)를 계승하고 송청자의 영향을 받
아 신라 녹유도자기가 발전하면서 서민용 그릇으로 쓰이게 되었다. 고
려자기 중에서도 비취색 청자가 그 전성시대를 이루었던 것은 문종 때
(1082)부터 의종 때(1170)까지이다. 자기에 무늬를 내는 방법으로는 양
각, 음각, 부조, 투각 등 다양 했으며, 선명하고 아름다운 비취색 작품이
이 시대의 특징이다. 또, 의종 때에는 고유의 상감기술이 발전되어 호화

스러움이 극치에 이르렀다.

　1157년에 의종은 양의정에 청기와를 이게 함으로써 전설 속에 그 존재를 부각시켰다. 1230년까지 고려자기의 전성기를 이루었으나, 1231년 이래 몽고군의 침입으로 고려자기도 정숙성과 우아성을 잃어 갔으며, 1308년 충렬왕 이후 점차 쇠퇴하였다. 즉 그 형체는 투박해지고 유약의 색깔은 광택을 잃은 회색으로 변했으며, 장식은 무미건조한 것으로 되었다.

　고려의 도자기 발달과정을 아래와 같이 분류하기도 한다.

〈고려시대 도자기의 시대별 특징〉

구분	년대(년)	기별		특징
전기	1050 ～ 1150	제1기 : 여명기		용융불안정. 유면조잡
		제2기 : 비색청자기		비취색 청기와
중기	1150 ～ 1250	제1기 : 극성기		상감시작 진사 철사 화금청자
		제2기 : 계승기		무신정권. 몽고침입
후기	1250 ～ 1350	쇠퇴기	제1기:충열~충혜왕	기형나태 원북방계청자영향.산화
			제2기:충숙왕복위후	산화. 환원이 불안정. 난조 인화문

■ 조선 자기

조선시대의 자기는 고려자기에 비하여 평면적이고, 실용적이며, 소박한 품위를 지닌 회황색 또는 청회색의 분청사기와 청화, 철회 백자가 특색을 이루고 있다. 세조 때에는 회회청이 중국을 거쳐 도입되어 청색 그림과 글을 나타낸 백자기가 많이 만들어 졌다.

일반적으로 고려의 청자, 조선의 백자로 구분하여 말하고 있으나, 고려시대에도 이미 백색자기가 만들어졌으며, 많지는 않으나 갈색 자기도 만들어진 바 있다. 이와 같은 사실에 비추어 볼 때, 조선 시대에는 백색 자기를 더욱 발전시킨 반면에 오히려 청자를 잃었음을 알 수 있다. 조선 백자에 사용한 회회청은 세조(1417~1468)때 페르시아 등지에서 중국을 거쳐 도입된 코발트염이다. 이것이 자기 제조에 널리 쓰여 왔으나 그 양이 충분하지 못하여 소지나 유약에 쓰인 것은 적었고, 이를 아껴 농담

의 필적으로 된 그림을 그리거나 글을 쓴 것이 대부분이었다. 수입 원료에 의존한 청색에 만족하여, 만들기 힘든 청자기의 제조 기술은 거의 잃어버리고 말았다.

이와 같이, 역사에 빛나는 청자를 만들던 요지만 해도 수십여 개소를 헤아릴 정도였다. 조선시대에는 185개의 도기소 중에서 대부분이 분청사기를 만들었고, 136개의 자기소에서는 백자를 만들었다. 그런데 조선시대의 마지막 문화를 장식하는 영조에서 고종에 이르는 동안에는 조선 문운의 부흥과 더불어 분원 관요의 최성기를 이루었으나, 제품의 유약은 선명하지 못했고, 청색이나 회색을 띠고 있었는데, 어느 것이나 모두 코발트염을 쓰고 있었다. 그 후, 관요의 하나였던 분원이 민영화됨에 따라, 우리나라 도자기의 전통은 끊어지고 말았다.

우리나라는 도자기 원료가 풍부하고 기술전통이 있기 때문에 일제 때 부산 영도에 동양 최대의 서양식 도기제조공장을 꿈꾸고 동양도기를 설립하였다. 광복이 되자 대한도기라 이름을 바꾸고, 우리나라에서 유일한 터널가마를 도입하여 우리나라 최대의 도기공장으로 운영되다가 1970년대에 문을 닫고 말았다.

3. 일본 도자기

일본의 도자기를 보면 세도모노하면 도자기의 대명사처럼 쓰이고 있을 만큼 일본 제일의 제도소 세도야끼(瀨戸燒)이다. 임진왜란 때 납치되어간 아리다야끼(有燒燒)의 창시자 이삼평이 1604년 백자생산에 성공을 하게 되니 석기제조에 머물던 일본도자기업계에 크게 충격을

세도야끼(瀨戸燒)

주었으며, 그 후 아리다는 일본의 2대제도
소로 성장하게 되었으며 불과 50년이 못되
어 유럽으로 수출하게 되니, 세계적인 요업
국의 토대를 마련하게 되었다. 이는 명(明)
이 청(淸)으로 왕조가 바뀜에 외국선박을 중
국 본토에 접안을 못하게 하였으므로, 유럽 상인들이 일본에서 중국도
자기의 모조품을 사가게 되었기 때문이다.

4. 서양 도자기

서양도자기는 13세기 마르코 폴로가 동양을 여행하고 중국도자기를
몇 점 가지고 가서 국왕에게 헌상하고, 동양견문록을 씀으로서 중국의
도자기가 처음으로 서양에 알려졌다 고 하나, 문헌(陶磁の道)을 보면 이
보다 앞서 육로나 해로로 중국도자기가 유럽으로 전해졌음을 짐작할 수
있다. 이렇게 전해진 중국도자기는 유럽인들을 감탄시켰고, 차이나가
도자기의 대명사가 되게 하였으니, 유럽각국의 국왕과 제후들은 중국도
자기에 관심을 가지고 중국도자기의 모조품을 만들게 하였다.

15세기에 시작하여 300년이 지난 18세기에 마이센이 중국도자기 모
조품을 만드는데 성공하고 유럽제일의 제도소로 부상하게 되었다. 이에
충격을 받은 각국의 국왕은 중국도자기의 모조품 만들기를 명하니, 로
얄도르톤, 로얄다비, 로얄크라운, 로얄코펜하겐(덴마크, 국책으로 장려)
등 사명을 보아도 짐작 할 수 있다.

유럽 최초의 자기인 마이센은 18세기 초(1710년) 독일에서 시작되었
으며, 2대 베토가는 화학자이며 연금술사로 중국자기를 모방하고 붉은
도자기 만들기 등 손꼽히는 명공이며, 1719년 헤롤드가 계승하여 엄중

기밀 보지하고, 명공 겐도라에 의해서 새로운 디자인의 유럽식 자기 발달에 기여하게 되었다

마이센의 50년(1756년) 후 개요 한 불란서의 세이브르 제도소는 국왕의 별장이 있을 정도로 왕의 관심이 컸다, 마이센의 엄중한 기밀 유지에도 불구하고, 7년 전쟁에서 불란서가 이기자, 제도 기술은 몽땅 불란서 세이브르로 옮겨졌고, 이어 유럽 전역으로 전파되었다. 이를 유럽 사람들은 도자기 전쟁이라 한다.

이 밖에 독자적으로 발달한 스페인의 마조리카와 이태리의 피렌체. 영국의 웨지우드 등이 있다. 마조리카도기는 유리를 매용제로 이용하고 산화주석을 쓴 석백유로 소지색을 흰색으로 감추어 동양자기처럼 보이게 한 것이다. 웨지우드는 1740년에 개요하여 1749년 골회자기를 개발하고, 1759년 크림색의 정교한 여왕소가 유명하다.

로얄 도르톤

로얄 다비

로얄 크라운 다비

로얄 코펜하겐

마이센 (18세기)

세이브로 (18세기)

웨지우드　　　　　핀란드　　　　　헝가리

마이센　　　　　　　마조리카

폴란드　　　　　　로얄크라운다비　　　폴란드

로얄코펜하겐　　　　덴마크　　　　　불가리아

제 3 절 도자기의 분류

도자기는 인류 생활이 시작되면서부터 만들어진 가장 오래 된 인공 합성 광물질이다. 도자기란 좁은 뜻으로 도기와 자기를 말하나, 넓은 뜻으로는 질그릇, 오지그릇, 사기 그릇, 등 점토를 원료로 해서 구워 만든 그릇의 총칭이다.

그러나 시대의 흐름과 과학의 발달에 따라 그 뜻과 범위가 확대 되어, 근래에는 도자기란 비금속 무기물을 원료로 하여 이를 단미 또는 조합하여 성형한 다음 높은 열을 가하여 경화시킨 제품이라 정의하고 있다.

도자기는 내열성이 월등하며 화학적으로 안정하고, 내마멸성, 전기 절연성 등이 있어 가정용, 건축용 및 산업용 등에 광범위하게 활용되고 있다. 더구나, 최근에는 원자력 산업에서의 원자로 재료, 전자 공업에서의 새로운 부품의 소재, 자동차 및 항공기 등의 엔진 재료, 우주선의 단열재, 생체 재료 및 공업용 장치 재료 등과 같은 고도의 기술 용품으로도 많이 사용되고 있어 그 중요성은 더욱 높아지고 있다.

즉, 오늘날의 도자기 제품은 종래의 식기류 등의 일상용품이나 건축 재료로서 뿐만 아니라, 소득의 증대와 국민 생활양식의 향상에 따라 장식용으로서도 수요가 많아졌다. 또한, 여러 가지 특수한 성질을 이용하여 전기, 전자, 통신, 운송 등 각종 공업 분야에 따라 그 수요가 확대되고 있다. 특히, 전기·전자 부분에서는 절연체, 집적 회로 소자 및 기억

소자의 기본 재료로서도 그 용도가 크게 증가하고 있다. 근년에 와서 생체 재료로서 각광을 받아 인공뼈, 인공 도치 등으로도 크게 부상되고 있다.

이와 같이, 도자기는 그 개념이 매우 광범위해 졌고 그 용도나 형태, 크기, 색채, 특성 등이 다양해 졌다.

도자기를 용도별로 분류해 보면, 일상 용품에 속하는 식기류(주방용) 도자기, 건축 재료에 쓰이는 타일 및 위생 도기류, 장식 또는 완구 등으로 쓰이는 노벨티(novelty), 전기용품으로 쓰이는 절연 도자기(애자), 전자 부품에 속하는 전자 재료용 도자기, 그 밖의 공업용, 이화학용 도자기, 구조 재료용 도자기, 생체 재료용 도자기 등으로 나눌 수 있다.

도자기를 분류하는 방법은 지역이나 나라에 따라 차이가 있으나, 대부분의 경우 자기(磁器, porcelain), 도기(陶器, pottery), 석기(炻器, stone ware), 토기(土器, earthen ware, terra cotta, clay ware) 및 특수 도자기 등으로 나눈다.

1. 자기

자기는 카올린 점토, 석영, 장석, 도석을 배합한 소지를 1300~℃ 정도의 높은 온도로 자기화(vitrification)될 때까지 충분히 소결시킨 것인데, 이때의 소지는 대개 백색으로 유리물질을 포함하고 있어 흡수성이 없고 투광성이 있으며, 두드리면 금속성의 맑은 소리가 나고 기계적 강도가 높다는 등의 특성이 있다. 유약으로는 장석유, 석회유, 활석유를 주로 사용하며, 전기의 불량 도체로서 내식성 및 내열성이 크다.

2. 석기

석기는 질이 낮은 점토, 특히 석영, 철 화합물, 알칼리 토류 및 알칼리 염류 등의 불순물이 많이 들어 있는 석기 점토, 양토질 점토 등을 주원료로 하여 기물을 만들어 1200~1300℃에서 흡수성이 거의 없어질 때(흡수율1~2%이하)까지 충분히 소성한 것이다. 제품은 일반적으로 유색이며 투광성이 없다. 유약으로는 식염유, 망간유, 기타 불투명한 브리스톨유(bristol glaze) 등을 많이 사용한다. 석기는 가정용 이외에도 화학공업 및 토목건축용으로 많이 쓰인다.

3. 도기

도기는 카올린질 원료에 석영, 도석, 납석 및 약간의 장석질 원료를 배합, 성형하여 1150~1250℃에서 굳힘구이를 한 다음, 이것에 유약을 칠하고 1050~1150℃에서 재차 소성(유소)하여 유약을 소지 표면에 융착 시킨 제품이다. 기계적 강도가 약간 낮고, 소지는 어느 정도 다공질이므로 흡수성이 있으며, 두드리면 탁음을 내고 투광성은 없다.

도기는 경질 도기와 연질 도기로 나눈다. 일반적으로, 경질 도기의 소지는 백색이고 치밀하며 질이 강하다. 특히, 자기질이 될 정도로까지 소성하여 경질 도기와 비슷하게 만든 것은 반자기(semivitreous china)라고도 한다. 그 제조 방법은 자기의 제조 방법과 같다. 연질 도기는 경질 도기에 비하여 소성 온도가 낮으며, 소지의 질이 연하다.

4. 토기

토기는 일반적으로 점토질이고 유약을 칠하지 않은 것으로, 700~1000℃에서 소성 한다. 소지는 다공질이며, 기계적 강도도 낮다. 제품으로는 기와, 토관, 화분 등이 있다. 최근에는 식염유 또는 프릿유를 칠한 제품도 생산되고 있다.

〈도자기의 용도별 분류 Ⅰ〉

분류	용 도
가정용품	식기류-식탁용 및 주방용
	노벨티-도자기제 완구, 꽃병, 장식품
건축용품	타일류-내장 타일, 외장 및 바닥타일, 모자이크타일
	위생도기-변기 및 화장실 전용 부속품
공업용품	전기용품-애자, 전기부품, 전자재료, 고주파 절연재료
	이화학용품-내산병, 전해조, 충전물
	특수도자기-원자로 재료, 내열자기

〈도자기의 특성별 분류 Ⅱ〉

구 분	소성 온도 (℃)	특 성			용 도
		흡수성	강도	기타	
토기	700~1100	크다.	약하다.	대부분 시유하지 않는다	기와, 토관, 화분
도기	1050~1300	크다	조금 약하다.	재벌소성	식기, 타일, 위생도기
석기	1200~1300	적다	보통	색깔있음	화로,찻잔,화학공업용석기, 토목건축용석기
자기	1300~1450	적다	강하다	투광성,금속성 맑은소리	고급식기 및 장식용, 전자용,이화학용자기
특수 도자기	1400~2000	아주 적다	아주 강하다	내화성임	전자용 이화학용 특수도자기

5. 특수도자기

특수도자기의 분야는 시대적인 요구에 따라 급속히 발전하고 있다. 일반 도자기와는 원료의 조성이나 분말도가 다르며, 기술의 개발과 산업의 성장에 따라 새로운 도자기(new ceramics)가 개발되고 있다. 일반 도자기로는 얻기 어려운 기계적 강도, 내열성, 내화학성 및 전기적인 여러 가지 특성을 지니고 있어 그 용도가 매우 다양하다.

〈도자기의 일반적 분류 Ⅲ〉

자기	경질 자기	고화 도자기(SK12이상)	고급식탁용자기, 장식용자기, 전기용자기(고압애자,화학공업용자기, 이화학용자기
		저화 도자기(SK12이하)	일반식기류, 전기용자기(저압애자), 화학공업용자기, 건축용자기,
	연질 자기	골회 자기	공예용, 식기용,
		활석 자기	
		프릿 자기	
		장석질연질 자기	
도기	경질 도기	장석 및 점토질 도기(반자기)	식기류, 건축용(타일)
		석회 및 백운 도기	공예품
	연질 도기	찻잔, 주방용품.	
석기	보통 석기	찻잔, 옹기 주방용품.	
	화공용 석기	내산병, 내산벽돌, 펌프부품, 반응관, 충전물, 전해조.	
	토건용 석기	도관, 배수관, 외장타일, 기와, 보도벽돌, 테라코타.	
토기	점토질	기와(검은색), 화분, 전지용 격막.	

특수 도자기	산화물계 자기	알루미나 자기 (Al_2O_3)	이화학용, 점화전, 절삭공구, 방적용사도
		마그네시아 자기 (MgO)	이화학용, 전기재료, 원자로재료
		지르코니아 자기 (ZrO_2)	
		베릴리아 자기 (BeO)	
		토리아나이트 자기 (ThO_2)	
		스피넬 자기 ($MgO \cdot Al_2O_3$)	
	코오디어라이트 자기 ($2MgO \cdot 2Al_2O_3 \cdot 5SiO_2$)		내열자기, 내화갑.
	멀라이트 자기($3Al_2O_3 \cdot 2SiO_2$)		이화학용(내열,내산), 전기절연재.
	지르콘자기 (ZrO_2)		이화학용자기, 차단기용 전로재료.
	리시아자기	$LiO_2 \cdot Al_2O_3 \cdot 2SiO_2$	내열재료, 가정용식기, 이화학용 전기재료.
		$LiO_2 \cdot Al_2O_3 \cdot 4SiO_2$	
		$LiO_2 \cdot Al_2O_3 \cdot 8SiO_2$ 및 그 고용체.	
	철감람·사문암계 자기 ($FO \cdot MgO \cdot Al_2O_3 \cdot SiO_2$)		이화학용(내알칼리)
	스테아타이트 자기 ($3MgO \cdot 2SiO \cdot H_2O$)		고주파 절연 재료
	산화티탄 자기 (TiO_2)		유전 재료(콘덴서 등)
	티탄산바륨 자기 ($BaO \cdot TiO_2$, $SrO \cdot TiO_2$, 기타의 고용체)		강유전 재료, 압전 재료
	셀시안 자기 ($BaO \cdot Al_2O_3 \cdot 2SiO_2$)		방사선 차단 재료
	다공질 도자기		전해용, 세균 여과용 및 기체 확산용 격막 재료

세도(瀬戸)와 아리다(有田)

1995년 4월 친구와 둘이 1주일 JR-Pass로 하코네(箱根)의 콘도를 거점으로 도쿄(東京), 우에노(上野), 닛고(日光), 이도(伊豆) 반도, 아다미(熱海) 등을 구경하고, 친구는 도쿄의 친척집에, 나는 갈 곳을 이야기하고 헤어졌다.

내가 살았던 아이찌(愛智) 현 감배(神戸) 마을의 초등학교 친구 이노우에 후미오(井上文雄)를 찾았다. 그의 슈퍼가 바로 내가 살았던 곳을 개조한 집이었다.

나고야(名古屋)에서 일박하고 그리 멀지 않은 세도(瀬戸)로 향하였다. 도조비 앞에 가니 비가 오기 시작했다. 가까운 도자기 공장으로 뛰어가서 비를 피하면서 구경하였다. 셔틀가마에 백자 생활도자기를 굽는 공장이었다. 폭우로 4 공장을 구경하고 돌아올 수밖에 없었다. 이천 광주의 도자기 단지와 같은 느낌을 주었다. 내려오는 길에 히로시마(廣島) 평화공원과 시모노세끼(下關) 일대를 구경하였다.

1999년 5월 퇴직 동료 4명이 JR-Pass로 닛꼬(日光), 혹가이도(北海島), 마쯔시마(松島), 도쿄(東京), 시고쿠(四國) 등을 구경하고 신간센(新幹線) 종착역 고꾸라(小倉)에서 나 홀로 아리다(有田)로 향했다. 아리다 자기공원에 들어가니 해는 서산에 기울었다. 황급히 궁궐같은 전시장을 둘러보고 컵 1개 사고 "佐賀の窯元めぐり" 책 1권으로 공장구경을 대신하기로 하였다.

아리다(有田)자기 공원

제2장

여러 가지 도자기

우리나라에서는 토기라 하면 기와, 화분, 벽돌 등이 있으며, 800~1100℃에서 소성하고, 석기에는 옹기를 들 수 있으며, 1250℃정도에서 굽는다.

도기에는 식기류나 장식용품이 있으며 굳힘구이(체소:締燒:고온초벌구이:1150℃~1250℃) 한 다음 유약구이(釉燒:저온참구이:1050℃~1150℃)로 복소성하여 만들고, 위생도기는 1250~1280℃정도로 단소성하여 만든다.

자기는 공업적으로 참구이(本燒:1300℃정도) 한번으로 만들고 있으나, 도예에서는 초벌구이(素燒:800℃정도)한 다음 참구이 한다.

그러나 다음 각론에서는 대부분이 서양에서 개발된 것이 많으므로 동양과는 원료가 다르고 소성온도 또한 우리 보다 매우 높다.

즉 1300℃이하에서 구운 것을 연질자기 또는 저화도자기라하고 1300~1450℃에서 소성 한 것을 경질자기 또는 고화도자기로 나누고 있다.

제 1 절 일반도자기

1. 토기

토기는 다공질이며, 일반적으로 시유하지 않는다. 원료는 색이 있는 양토질 또는 석기점토를 사용하여 만든 검은 기와, 물동이, 화로, 화분 등이 있다.

과거에는 그릇들만을 이야기하였지만 최근에는 각 분야에 유약을 바르지 않은 여러 가지 경질도기질의 것이 많아졌다. 즉 전기용으로 초벌구이판, 배기관, 전해용 격막, 기체 여과재 및 여과체 등이 있다. 이들의 조성은 샤모트 25~27%, 카올린질 20~38%, 석영 35~55%이고, 전자용은1100~1180℃, 격막, 여과기용은 1160~1180℃ 또는 그 이상에서 소성한다. 또, 여과용 토기는 고알루미나질로 1300~1450℃에서 소성하는 것도 있다.

전해용 격막은 내산성 소지로, 용도에 따라 전기 저항성과 액체 확산성을 주기 위하여 알맞은 기공의 크기와 분포를 필요로 한다. 기공은 원료의 배합에, 샤모트 또는 탄소 분말 등의 가연성의 첨가물 등으로 조정한다. 가연성 물질은 일정량 이상 첨가하지 않으면 그 효과가 나타나지 않는다.

산기판은 수돗물의 정제와 그 밖의 목적으로 무수한 미세 기포를 액체 중에 방산시키기 위하여 사용된다. 기체 여과판은 공기의 정제 또는 화학 반응용 장치 등에 응용된다.

　다공질 여과체로는 도기질, 규조토질, 석영질, 석고질 등이 있다. 이것은 청주, 과즙, 흐린물, 음료수, 의약용 액체(주사액, 세균 배양액) 등을 여과하는데 널리 쓰인다. 특히, 세균 여과기는 소지 기공의 지름이 수 마이크로미터(μm)이하로, 균을 통과시키지 않도록 하는 것이다. 점토질로 된 것으로는 샹베를랑(Chamberland), 규조토질로 된 것으로는 벨케펠트(Belkefeld) 등이 유명하다.

　이밖에도 초벌구이 한 표면에 옻 또는 니스를 바르고 장식한 미술 공예품 등도 있다.

2. 석기

　석기는 도기와 자기의 중간 성질을 가지고 있는 것으로, 소성 온도는 도기보다 높고 자기보다 낮다. 소성 소지는 흡수성이 없는 것이 이상적이며, 투광성이 없고 소지는 보통 점토를 쓰므로 색을 띠고 있다. 또 물 또는 용액에 대한 삼투성이 없고, 기계적 강도가 충분하며, 내충격성과 내마멸성이 크고, 급격한 온도의 변화에 대해서도 저항성이 높다. 일반적으로, 석기는 자기로서는 만들기 힘든 큰 물건을 만드는 수가 많다.

　석기는 사용하는 점토의 종류 및 소성 온도 등의 차이에 의해서 조석기와 정석기로 나눈다. 이들의 용도별 종류는 다음과 같다.

```
                  ┌ 가정용 :    찻잔, 화로, 오지그릇
          ┌ 조석기 ┤
          │       └ 건축용 :    외장타일, 내장타일, 바닥타일,
          │                    크링커타일, 모자이크타일, 도관 등
   석기 ──┤       ┌ 화학공업용 : 내산석기류
          │       │
          └ 정석기 ┤ 전기용 :    애자류
                  │
                  └ 장식용 :    꽃병, 테라코타
```

　석기를 만드는데 사용하는 석기 점토는 석영과 융제가 비교적 많이 들어 있으며, 가소성이 풍부하여 단미 소성으로도 변형되지 않고 소고가 잘 되는 점토이다. 이 점토의 광물 조성은 카올린질 30~70%, 석영 30~60%, 장석질 5~25% 로 되어 있다.

　조석기 : 보통 석기점토로 만들어 1160~1200℃에서 소성한 것이다. 그러 므로 소지가 거칠고 소결상태가 좋지 못하며, 약간의 흡수성이 있는 것이 많다. 주로 소금유(식염유)를 입히지만 때에 따라서는 납유 또는 납이 없는 유약을 쓰는 수도 있다.

　정석기 : 수비한 석기 점토에 석영, 장석, 또는 도석을 혼합하여 만든다. 이와 같이, 정제한 원료를 조합해서 만들어 1230~1280℃에서 소성하며, 흰색에 가깝거나 색이 있는 것도 있다. 소지의 조합 범위는 카올린질 45~50%, 석영 35~40%, 장석15%정도이다. 유약으로는 소금유 이외에 투명유, 매트유, 결정유 등이 쓰인다.

(1) 가정용 및 장식용 석기

가정용 석기 제품에는 오지 그릇, 찻잔, 화로 등이 있다. 어느 것이나

보통의 석기 점토가 사용되지만, 여기에 내화 점토, 장석, 석영 등을 넣는 수도 있다. 때로는 약토를 입히거나 밑그림 채색을 하는 수도 있으며, 유약으로는 소금유 또는 일반 슬립유인 재유(회유)를 사용하는 경우도 있다.

석기 제품에는 정석기에 속하는 것이 많고, 수비점토, 장석, 석영 및 샤모트를 사용한다. 유약으로는 주로 석회유를 사용하는데, 때로는 납유도 쓰인다. 석기 소지토의 화학 성분 조성을 보면 다음 표와 같다.

석기 소지토의 화학성분 조성

성 분	SiO_2	Al_2O_3	Fe_2O_3	CaO	MgO	RO	강열감량
조성비	55~70	15~20	3~5	0.2~3	0.2~2	0.2~3	5~12

석기용 유약의 화학성분조성은 아래와 같다.

$$\left.\begin{array}{l} 0.2\ K_2O \\ 0.1\ MgO \\ 0.7\ CaO \end{array}\right\} 0.4Al_2O_3 \cdot 3.0SiO_2 \qquad \left.\begin{array}{l} 0.3K_2O \\ 0.1BaO \\ 0.5CaO \\ 0.1MgO \end{array}\right\} 0.4Al_2O_3 \cdot 3.85SiO_2$$

(2) 토건용 석기

토건용 석기로서는 벽돌 클링커 타일, 바닥타일, 모자이크 타일, 도관 등이 있다. 이들 제품은 대부분이 조석기에 속하고, 식염유 또는 납유를 얇게 입힌 것이 많다. 일부의 고급 타일, 모자이크 타일에는 정석기에 속하는 것도 있으며, 소성 온도가 1100~1300℃로 범위가 넓고 소지는 자기에 가깝고, 색깔은 유색과 순백색의 것이 있다.

(3) 화학공업용 석기

화학공업용 석기에 요구되는 성질은 내식성이므로 토건용석기와 같이 철분함량이 많은 석기점토가 쓰인다.

내산석기는 플루오르산을 제외한 다른 산류에는 우수한 내산성을 가진다. 내산금속은 내산성에 한계가 있고 염소 계통의 가스에 침식되기 쉽다. 용융석영제품은 ·이상적이지만 비용이 많이 든다. 소성온도는 1160~1280℃이고 유약으로는 소금유 또는 철유를 쓴다.

소금유의 화학조성은

$$1.0Na_2O \cdot 0.5{\sim}1.0Al_2O_3 \cdot 4.0{\sim}5.5SiO_2$$이고,

철유의 화학조성은 다음과 같다.

$$\left.\begin{array}{l} 0.15{\sim}0.2K_2O \\ 0.4{\sim}0.45CaO \\ 0.35{\sim}0.4FeO \end{array}\right\} \quad 0.5{\sim}0.5Al_2O_3 \cdot 5.5SiO_2$$

3. 도기

(1) 가정용 도기

도기는 일반적으로, 소지는 백색이나 다공질이므로 자기에 비하여 강도가 약하다. 도기를 경질 도기, 반자기, 경량질 도기의 세 가지로 나누며, 이들 소지의 흡수율은 경질 도기와 반자기는 10% 이하이고, 경량질 도기는 25% 이하이다.

미국 표준 시험 규격에 의하면, 흡수율이 10%인 것을 반유리화 도기라 하고 있다. 우리나라에서는 경질 도기와 연질 도기로 크게 나누며, 연질 도기는 식기, 주방용품, 장식품, 장난감 등에 널리 쓰이며, 식기나 주방용품과 같은 실용적 성능을 필요로 하는 것은 거의 경질 도기나 반자기로 만든다.

(가) 경질도기

도기 소지에 장석을 넣어 1200~1280℃에서 소결한 것을 장석질 도기라고도 한다. 소지의 소성 색상이 희고 치밀하며, 흡수율이 4~10%로 낮고, 안정성과 경도가 비교적 크다. 경질 도기 소지는 식기 이외에 위생도기와 타일 등에도 이용된다.

각 나라의 경질도기원료의 성분 조성(%)

원료	카올린질	석영	장석
한국	50~70	15~20	5~7
미국	45~60	30~40	10~20
독일	55~70	15~40	5~15
영국	50~70	20~40	10~20
일본	55~65	15~25	5~10

근년에 경질도기 소지에 석회를 첨가하고 고온에서 소성하여 약간 투광성을 부여한 제품이 많이 만들어지고 있다.

유약의 화학성분조성은 아래와 같다.

$$\left.\begin{array}{l} 0.25Na_2O \\ 0.25PbO \\ 0.50CaO \end{array}\right\} 0.225Al_2O_3 \left\{\begin{array}{l} 2.57SiO_2 \\ \\ 0.43B_2O_3 \end{array}\right. \quad \text{(소성온도 1100℃)}$$

(나) 반자기

자기보다는 유리질의 양이 적고, 도기보다는 단단하게 구워진 요업제품으로서, 자기와 도기의 중간 성질을 가지고 있다. 흡수율(吸收率)은 0.5~10%로서, 얇은 제품은 약간 투광성이 있으며 두드리면 어느 정도 맑은 소리가 난다. 소지의 조성은 경질 도기와 비슷하나 소성 방법이 경질 도기와는 다르며, 1,250℃ 정도에서 산화불꽃 분위기에서 소성하여 만든다. 보통 식기 위생도기 등에 사용된다.

유약으로는 주로 아연유가 쓰이고 있으며, 때로는 용융 온도를 낮게 하기 위하여 산화납을 5~10% 넣는 수도 있다. 또, 아연유로는 발색이 곤란한 노란색 등의 밑그림 채색제를 쓸 때에는 생납유나 프릿유가 쓰인다.

반자기 소지의 성분 조성(%)

종류	1	2	3	4	5	6
카 올 린 질	50	40	40~50	30	30	40~50
석 영	30	40	20~40	40	40	20~30
장 석	20	20	15~30	27	30	15~30
석 회 석	-	-	소량	-	-	0.5~1
소성 온도(℃)	1,280	1,280	1,280~1,300	1,280~1,300	1,280~1,300	1,280~1,300

반자기용 유약의 화학 성분 조성(몰수)

종류	KNaO	MgO	CaO	BaO	ZnO	PbO	Al_2O_3	SiO_2	소성 온도 (℃)
1	0.30	-	0.55	-	0.15	-	0.30	3.4	1,250~
2	0.25	-	0.55	0.05	0.15	-	0.40	3.4	1,280
3	0.16	0.02	0.50	-	0.32	-	0.26	3.0	
4	0.24	0.02	0.39	-	0.35	-	0.35	3.3	1,250~
5	0.25	0.02	0.47	-		0.26	0.35	3.4	1,230
6	0.29	-	0.39	-		0.32	0.40	2.9	

(다) 경량질 도기

소지의 색깔을 희게 하고, 무게를 가볍게 하기 위해서 가소성 점토에 석회석, 돌로마이트, 카올린 등 발포제를 섞어 만든 것이다. 백운석과 석회석을 함께 쓴 것이 대부분이며, 일반적으로 백운도기라고 한다.

(2) 건축용 도기

(가) 위생도기

가정용 도기에 비하여 소지에 장석을 많이 쓰며, 소량의 석회석을 넣는 수도 있다. 주로 주입법에 의하여 성형하며, 일반적으로 제품이 대형이다.  소지가 두꺼워서 건조 균열의 발생률이 높으므로 건조하는 데 어려움이 많다. 최근에는 건조실의 습도와 온도를 자동으로 조절하여 건조 균열을 방지하고 있다. 건조된 성형품은 시유한 다음 1200~1280℃에서 소성한다.

위생도기 소지와 유약의 화학조성(%)

성분	SiO_2	ZrO_2	Al_2O_3	Fe_2O_3	MgO	CaO	ZnO	BaO	K_2O	Na_2O
소지	65~75	-	18~25	0.5~1.5	0.3~1.0	1.0~2.5	-	-	2.5~3.5	1.0~1.5
유약	50~60	7~10	8~12	0.2~0.4	1~3	8~12	5~10	2~4	2~40	0.5~1.5

(나) 타일

사용 목적에 따라 외장, 내장, 모자이크, 바닥 타일 등으로 나누며, 한편 자기질, 석기질, 반자기질, 경질도기질, 도기질로 나눌 수도 있다.

(ㄱ) 외장 타일 : 소지는 용화 또는 반용화된 타일로, 동결에 저항성이 있어 내한 타일(frostproof tile) 이라고도 한다. 우리나라에서는 긴 네모꼴인 타일을 많이 생산하고 있다. 반자

기질의 소지 조성은 장석 5~15%, 규석 10~20%, 도석 15~20%, 납석 15~25%, 석회석 3~5%, 카올린질 25~40% 이다. 11200~1280℃에서 소성하였을 때 유약의 화학 성분 조성은 다음과 같다.

$$
\left.\begin{array}{l}
0.15\ KNaO \\
0.45\ CaO \\
0.05\ MgO \\
0.26\ ZnO \\
0.10\ BaO
\end{array}\right\} \cdot 0.20{\sim}0.35 Al_2O_3 \cdot 2.3{\sim}4.0 SiO_2
$$

(ㄴ) 내장 타일 :

내장타일은 일반적으로 벽타일을 말한다. 소지는 다공질이며 흡수율은 12~15%이다. 두꺼운 4각형 평판의 한쪽 면에 광택유, 착색 광택유 또는 매트유를 시유하여 만든다. 주로 동해나 마멸작용을 받지 않는 건물 내부 벽면에 사용된다. 소지는 카올린질광물, 규석, 장석, 석회석, 도석 등의 혼합 분쇄물을 수분 7~8%로 하여 프레스 성형한 다음에 가정용 도기의 경우와 같이 1140~1200℃에서 굳힘구이를 한 다음, 유약을 칠하고 약 1100℃에서 유약구이 하여 만든다.

조합 예를 보면

㉠ 카올린질 50%, 석영 35%, 석회석15%

㉡ 카올린질 50%, 석영40%, 석회석7.5%, 장석2.5%

㉢ 자기질 등이 있다.

(ㄷ) 바닥 타일 :

클링커 타일(clinker tile) 또는 쿼리 타일 (quarry tile) 이라고 한다.

소지가 완전히 용화되어 치밀하며, 소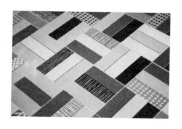
지 자체의 색깔에 의하여 발색한 것도
있고, 첨가제에 의해서 착색되거나 조
직의 변화가 일어나서 착색되는 경우도
있다. 대부분 표면이 매끈하며, 때에 따
라서는 자기 시유되는 경우도 있으며, 석영의 조립 또는 연마 지립을 첨
가 하여 표면이 매끄럽지 않게 만든 타일도 있고, 표면에 물결무늬를 넣
은 것도 있다.

바닥타일은 마멸, 풍화, 더러움 등에 대한 저항성이 높아야 한다. 퀴
리 타일은 바닥 타일보다 두껍고 치수도 크며, 조직이 거칠고 흡수율은
2~5%이다. 석기질 바닥 타일의 소지는 석기 점토 단미로 사용하는 경
우도 있으나, 일반적으로 여러 가지 원료를 조합하여 쓴다. 소지에 따라
알칼리 4~7%, 산화철 5~7%를 함유하는 것이 있으나, 석회 화합물은
될 수 있는 대로 적은 것이어야 한다. 석회질의 함유량이 너무 많으면
소성 중에 변형되기 쉬우므로 주의해야 한다.

조제한 소지를 가압, 성형하여 1230~1280℃에서 소성하며, 유약은
경질 도기의 유약과 거의 같은 것을 사용한다.

(ㄹ) 모자이크 타일(mosaic tile):

소지는 바닥 타일과 같은
석기질이며, 무유로서 소지
전체를 착색시킨 것과 시유
한 것이 있다. 소지는 기공
율이 높아짐에 따라 내구성
이 감소된다. 모자이크 세공에 의한 무늬에 따라 많은 종류가 제조되고

있다. 두께 6mm의 판을 만들어 이것을 작은 조각으로 파쇄하여 사용하는 경우도 있는데, 이것을 파쇄 모자이크라 한다.

4. 자 기 (磁器)

자기에는 경질자기와 연질자기가 있다. 유럽에서는 자기의 소성 온도가 1230~1500℃이며, 1410℃ 이상에서 소성한 것을 경질 자기 또는 경자기라 하고, 그 이하의 온도에서 소성한 것을 연질 자기 또는 연자기라 한다. 우리나라에서는 1300℃ 정도에서 소성하는 것을 보통자기, 장석질자기 또는 경질자기라 한다. 그러나 특수자기의 경우에는 예외로 소성온도가 매우 높다.

(1) 경질 자기

고온 소성으로 만드는 자기로, 소지 원료의 일부가 용융되어 재결정한 조직을 가진다. 주원료는 카올린, 점토. 장석, 석영이다. 이들 원료는 산지에 따라 그 조성이 약간씩 다르지만, 겉모양은 거의 비슷하다.

자기유의 화학 성분 조성은 $RO \cdot 0.5Al_2O_3 \cdot 5SiO_2 \sim RO \cdot 1.2Al_2O_3 \cdot 12SiO_2$이며, 표준유의 화학 성분 조성은 다음과 같다.

$$\left.\begin{array}{l} 0.3K_2O \\ 0.7CaO \end{array}\right\} \cdot 0.8Al_2O_3 \cdot 8.0SiO_2 \quad (1300℃ \text{ 소성용})$$

자기의 표준 조성 및 조성 범위 (%)

원 료	표준 조성	조성 범위	평 균
카 올 린 질	50	42 ~ 66	52
칼 륨 장 석	25	17 ~ 37	27
석 영	25	12 ~ 30	21

(가) 식기용 자기

주로 외관상의 아름다운 모양을 중요시하므로 소지의 조성 범위가 넓다. 가정용 자기 소지의 성분 조성은 카올린질 41.8~53.1%, 석영 20.7~32.2%, 장석 18.0~29.1%이다.

근년에 유럽이나 미국에서는 석회석을 혼합하고 소성 온도를 낮추는 경향이 있다. 이 자기의 성분 조성은 석회석 약 2%, 카올린질 47.8~52.2%, 석영 23.7~29.8%, 장석 19.0~27.5%이다.

나) 전기자기

고압 애자의 소지에는 카롤린질 원료가 적고 석영이 많은 소지와, 카올린질 원료가 많고 석영이 적은 소지가 있다.

전기 자기 소지의 성분 조성 범위와 저압 애자 소지의 성분 조성 범위는 아래 표와 같다.

전기 자기 소지의 조성(%)				저압 애자 소지(%)	
원 료	1	2		원 료	조성 범위
카 올 린 질	40.8 ~ 45.8	48.1 ~ 53.0		카 올 린 질	60.5 ~ 68.9
석 영	32.8 ~ 42.1	23.7 ~ 31.7		석 영	5.2 ~ 15.7
장 석	15.8 ~ 23.1	17.7 ~ 25.8		장 석	16.3 ~ 31.8

(2) 연질 자기

경질 자기에 비하여 융제를 많이 사용하며, 낮은 온도에서 소성 한다. 구미에서는 1250~1300℃에서 굳힘구이를 하고, 이보다 낮은 900~1100℃에서 유약구이를 하여 만드는, 고온에서 초벌구이를 한 다음 저온에서 참구이를 하는 경우가 많다.

저화도 유약을 사용하므로 여러 가지 밑그림 채색에서 발색이 잘 되어 장식이 잘되므로 가정용으로 경질자기 보다 밑그림 채식이 널리 이용되어 왔으며, 유리질이 많다.

(가) 프릿 자기

프릿(frit) 자기로서 알려져 있는 것으로는 세브르 (sevres) 프릿 자기가 있다. 융제로서는 판유리와 비슷한 프릿(석영60%, 초석22%, 염화나트륨7.2%, 명반 3.6%, 무수탄산나트륨 3.6%, 석고3.6%)을 사용한다.

여기서 사용되는 프릿의 화학 성분 조성은 아래와 같다.

$$\left.\begin{array}{l} 0.15\ Na_2O \\ 0.15\ K_2O \\ 0.70\ CaO \end{array}\right\} \cdot 0.07\ Al_2O_3 \cdot 3.5SiO_2$$

소지는 프릿 8, 석회석 2, 저화도 점토 1의 비율로 혼합하고, 점력을 주기 위해서 아교 등의 점결제를 섞는다. 이 자기에 사용하는 유약의 화학 성분 조성은 다음과 같다.

$$\left.\begin{array}{l} 0.31\ K_2O \\ 0.23\ Na_2O \\ 0.46\ PbO \end{array}\right\} \cdot 1.72\ SiO_2$$

세브르 프릿 자기의 프릿 성분 조성은 석영65%, 하소 무수탄산나트륨7%, 초석14%, 석회석 14%이고, 소지토는 프릿 27%, 석영49%, 석회석 16%, 점토8%를 혼합한 것이다. 이것은 장식을 앞의 것 보다 아름답게 할 수 있다.

이 소지에는 다음과 같은 화학 성분 조성의 유약을 사용한다.

$$\left.\begin{array}{l} 0.06\ K_2O \\ 0.09\ Na_2O \\ 0.85\ CaO \end{array}\right\} \cdot 0.5\ Al_2O_3 \cdot 4.2SiO_2$$

(나) 골회 자기(bone china)

골회 자기 는 영국에서 개발되었으며, 경질자기 소지에 골회를 가하여 투광성을 높인 자기이며, 융제로 골회를 사용한 연질 자기를 말한다. 골회 자기의 표준 조성을 제게르식으로 나타내면 다음과 같다.

$$1.15\sim8.3\ RO \cdot 1.0\ Al_2O_3 \cdot \left\{ \begin{array}{l} 1.97\sim9.08\ SiO_2 \\ 0.35\sim2.67\ P_2O_5 \end{array} \right.$$

골회자기의 표준조성(%)

원 료	골회	카올린질	장석	석영	코오나시스톤
영 국	35	30	-	-	35
독 일	40	40	10	10	-
미 국	40	13	13	32	-
범 위	20~60	0~45	0~20	3~35	7~35

유약은 알칼리-붕산-납계의 프릿유가 쓰이나, 때로는 납이 없는 유약도 사용한다.

이들의 소지는 열전도가 좋고 열충격에 대한 저항성이 크며, 충격 강도가 크므로 식기용 자기 외에 공업용 자기로도 널리 쓰이고 있다.

(다) 페어리언(parian) 자기

투광성이 높은 장석질 자기이며, 적당한 소성 조건에서는 자체 시유가 이루어진다. 주로 작은 조각품에 많이 쓰이며, 겉모양은 대리석과 비슷하다.

(라)빌리이크자기

빌리이크(belleek)자기는 페리언자기에 유약을 바른 것으로 시유페리언이라고도 한다.

제 2 절 특수 도자기

　일반 도자기(가정용, 장식용 등)에 대하여 특수한 바탕, 조성의 도자기로, 특수한 성질을 가지며, 이를 공업용 또는 특수용도로 사용되는 것을 말 한다. 특수 도자기에는 알루미나 자기, 멀라이트 자기, 티탄 자기 활석 자기 등이 있으며, 특수 도자기는 목적에 따라 특수한 광물질을 배합하는 것이므로 보통 도자기와 같이 카올린질을 주원료로 배합하는 것과 달리 성형하기가 쉽지 않은 경우가 많으므로 주입 또는 프레스성형 등을 많이 쓴다. 소성 온도도 1200~2000℃ 또는 그 이상을 필요로 하는 경우도 있다. 이와 같이 특수 도자기에서는 성형 기술, 소성 기술상의 어려움이 많다. 근년 신소재로 이 분야의 발전이 급진하니 뉴 세라믹스(파인 세라믹스:모던 세라믹스)란 이름으로 한 분야를 이루게 되었다.

전기·전자용 자기	절연체자기	: 알루미나자기, 멀라이트자기 등
	고주파용 절연체자기	: 활석자기, 포오스테라이트자기, 등
	유전체자기	: 티탄자기, 티탄산염자기, 등
	자성체자기	: 페라이트자기
내열 자기	고화도자기	: 알루미나자기, 토리아자기 등
	저팽창성자기	: 코오디에라이트자기 등
고경도 자기		: 알루미나자기, 지르콘자기 등

1. 종류

(1) 알루미나자기

알루미나자기란 Al_2O_3함량이 85%에서 99.5% 까지 함유되어 있는 자기를 말한다.

아래 표에서 알 수 있듯이 알루미나 함량이 증가 할수록 여러 가지 물성이 뚜렷하게 좋아진다. 알루미나자기는 각 분야에 다양하게 쓰이는데 그 용도를 보면 다음 표와 같다.

알루미나 함량과 물성

물 성	85% Al_2O_3	95% Al_2O_3	99.5% Al_2O_3
꺽임강도(Kg/cm^2)	2,100~3,200	3,200~3,500	3,500~4,200
탄성계수(Kg/cm^2)	12.0~2.5X10^6	2.8~3.2x10^6	3.6x10^6
비 중	3.4~3.5	3.6~3.8	3.8~3.97
수분흡수율(%)	0.00~0.02	0.00	0.00
안전사용온도(℃)	1,300~1,500	1,600~1,700	1,950
팽창계수 (25~1000℃)	7.7~7.8x10^{-6}	8.5~9x10^{-6}	8.4x10^{-6}

알루미나자기의 응용

내화물 응용	기계적 응용	생물·화학적 응용	전기적 응용
연소보드	절삭공구	내산 밸브	스파킹 플러그
도가니	사도	밸브 시트	절연체, 진공튜브
증류기	노즐	내산 펌프	용기, 응축기 축
열교환기	밸브 시트	인공 뼈	축전지 코아
광고온계 튜브	붙쇄 볼	인공치근	베어링 통
발열소자	베어링	-	IC기판

(2) 베릴리아자기

BeO를 주성분으로 하는 자기로 열전도도가 대단히 크고 열충격에 대한 저항성이 아주 크므로, 전자공업에서는 높은 열전도도를 이용하여 흡열부에 많이 사용한다. 그러나 독성이 있기 때문에 주의해서 취급하여야한다.

(3) 마그네시아자기

MgO를 주성분으로 하는 자기로 용융온도가 높고 염기성 슬래그에 대한 저항성이 우수하여 금속이나 염기성융제를 녹이는 도가니나 실험용기로 사용된다. 또한 투명하게 소결된 것은 적외선 투광창으로도 쓰인다. 순수한 것은 1900~1950℃에서 소성을 해야만 이론밀도에 가까운 소체를 얻을 수 있다.

(4) 지르코니아자기

ZrO_2가 99.7%의 원료를 사용하며, 안정화제로 약간의 Y_2O_3, CaO, MgO를 첨가한다. 순수한 것은 600℃에서 결정구조가 바뀌면서 체적변화가 생겨 균열이 발생하기 때문에 3~5% CaO를 첨가하여 안정화시키는 것이 일반적이다.

(5) 멀라이트자기

멀라이트의 이론조성은 $3Al_2O_3 \cdot 2SiO_2$이지만 실제로는 몰비가 3:2에서 2:1까지를 멀라이트라 한다. 순수한 멀라이트자기의 소성온도는 1700~1750℃이며 치밀하고 투광성이 좋은 제품을 얻을 수 있다. 상온과 고온에서 강도가 크고 열충격성이 좋아 열전대 보호관, 가마내장, 실험실용 기물로 사용된다.

2. 전기용 자기

전기용 자기는 고압 및 저압의 전기 절연재료로 쓰이는 자기를 말한다.

(1) 애자

애자(insulator)는 전기가 필요하지 않는 곳으로 흐르는 것을 방지하기 위해서 만든 자기질 물질이다. 이것은 부과되는 전압에 따라 저압 애자 (직류 750V 이하, 교류 350V 이하), 고압 애자(직류 750V이상, 교류350~7000V), 특고압 애자(교류7000V이상) 등으로 나눈다.

저압 애자용 자기로는 일반 장석질 자기가 쓰인다. 고압 애자, 특고압 애자는 전기적 성능 외에 기계적 강도가 커야 한다.

보기를 들면, 장석질 자기로는 인장 강도가 400~600kg/㎠의 것이 많지만, 고압용으로는 1200kg/㎠의 것이 제조되고 있다.

이와 같이, 기계적 강도가 큰 자기를 얻기 위해서는 구조가 미세하고 치밀하며, 소지의 질이 균일해야 한다. 이 밖에 소지의 열팽창률을 유약보다 크게 하여 압축 응력을 이루게 하는 것이 좋다.

즉, 소지 중에 크리스토발라이트(cristobalite)를 생성시키고, 소성 후의 냉각 과정에서 유약에 압축 응력을 줌으로써, 유약을 칠하지 않는 소지에 비해서 인장 강도 및 꺾임 강도를 10~40% 증가시킬 수 있다.

고압 애자용 자기의 원료에는 도석 30~50%를 혼합하는데, 그 중의 석영은 미세하고 크리스토발라이트화하기 쉬워야 하며, 장석류는 크리스토발라이트의 안정화 영역의 확대를 위하여 나트륨장석이 흔히 쓰인다. 칼륨장석의 양을 증가시키면 크리스토발라이트의 양은 뚜렷이 줄어든다.

장석의 양은 20% 이하로 적게 하고, 여기에 순도 높은 점토를 혼합한다. 또, 함유 되어 있는 유리질의 품질과 함유량에 따라 소성 중에 발포하는 수가 있다.

그밖에 원료의 입도, 소성 조건 등을 엄격히 관리하는 종합적인 제조 기술의 확립에 의해서 품질이 좋은 고성능 고압 애자를 만들 수 있다.

고압 애자의 소지 성분 조성 (%)

재료	연토 성형 소지	슬립 성형 소지	알루미나 함유 소지	
			(1)	(2)
카올린질	15	25	15	20
볼클레이	30	20	20	25
장석	35	35	25	35
규석	20	20	-	-
알루미나	-	-	40	20

(2) 점화전 애자

점화전 (spark plug) 애자는 고온에서 전기 절연 저항과 절연 내력이 크고, 실린더 내부에서 혼합 기체의 폭발에 의한 고온에도 분해나 용융을 일으키지 않으며, 급열, 급랭에 견디고, 기계적 강도가 강하며, 연료 기화물에 대해서도 충분한 안전성을 가지고 있어야 한다.

이와 같은 재질을 갖춘 것으로는 1903

년에 독일의 보슈(Bosch) 회사에서 활석을 주원료로 하여 만든 것이 있다.

요즈음에는 알루미나(Al_2O_3) 80~90%를 함유하는 고알루미나질 자기가 제조되고 있다. 이의 제조에는 분무건조 한 원료로 사출 성형 또는 러버프레스(rubber press) 성형을 하고 1600℃ 이상의 고온 연속 소성가마 등 고도로 자동화된 기계가 사용되고 있다.

(3) 저항용 자기

저항용 자기에는 피막형, 고체형, 및 법랑 저항용이 있다. 피막형 중에서 가장 많이 제조되고 있는 것은 탄소 피막 저항기로, 이 소지는 주로 멀라이트(mullite)이다.

저항용 자기의 원료로 점토에 장석을 넣은 것을 쓰고 있는데, 알칼리 성분이 들어 있으면 이온의 이동성 때문에 저항체를 사용함에 따라 변화하는 결점이 있다. 그러므로 알칼리가 들어 있지 않은 자기가 쓰인다.

이 밖에, 열 충격에 대한 저항이 크고 가스의 삼투성이 없으며, 표면이 매끈하고 철분 등에 의한 얼룩이 생기지 않는 등의 성질이 요구된다.

이에 사용하는 소지로서는 멀라이트 또는 결정질 포스터라이트(forsterite)가 알맞다. 특히, 겉면을 매끈하게 하기 위하여 자기 조직의 결정 알갱이를 매우 작게 하고 완전히 자기화시키는 것이 중요하다.

고체형 저항기는 흑연과 점토질을 혼합하여 환원 불꽃으로 소결시킨 것인데, 장석 등의 알칼리가 함유되면 질이 떨어진다. 그러나 알칼리 없이는 완전 소결이 어렵고 품질이 고르지 못하다. 한편, 포스터라이트, 활석, 지르콘 등도 쓰이고 있다.

법랑 저항기의 소지는 제조 과정에서 급열, 급랭이 반복되므로 열충격에 강한 코디어라이트 자기가 널리 사용되고 있다. 그러나 저항체는 금속이므로, 이의 열팽창과 가깝게 하기 위해서는 포스터라이트를 사용한다.

(4) 고주파용 자기

고주파용 절연물은 전자관용, 마이크로모듈용, 우주 개발용 등 그 성능, 모양, 크기 등에 있어 가장 높은 기술 수준을 요구한다. 각 용도에 필요한 재질과 성형, 소성, 금속과의 접착 등 종합적인 기술이 날로 발전되고 있다.

스테아타이트 (steatite, $MgO \cdot SiO_2$)자기는 활석을 주원료로 한 것으로 자기의 주체는 프로토엔스터타이트(clinoenstatite)로 되어 있다. 전기절연성이 3성분계에 비해 우수할 뿐 아니라 강도도 크다.

소지의기본조성은 스테아타이트활석에 미량의 첨가제를 넣는데. 특히 활석의 조성은 철분 1% 석회석 1.5% 알루미나 2% 이하의 고 순도이여야 한다.

스테아타이트자기의 조성(%)

재 료	활석	칼륨 장석	카올린	$MgCO_3$	$BaCO_3$	$CaCO_3$	벤토 나이트	점토
소지(1)	87	6	7	-	-	-	-	-
소지(2)	60	-	15	7.5	17.5	-	-	-
소지(3)	88	-	5	-	6	1	-	-
소지(4)	85	-	-	-	9.5	-	0.5	5.0

유약조성(%)

원 료	장석	석회석	석영	볼크레이
함량(무게%)	37	15	35	13

이 밖에 고온 및 고주파에 대한 특성이 우수한 알루미나(Al_2O_3)자기. 내산성을 요하는 절연물로 쓰이고 광전도성 카드뮴전지용 베이스에 쓰

이는 지르콘자기($ZrO_2.SiO_2$). 고주파에 대한 절연성능이 우수한 베릴륨((BeO)자기. 마그네시아(MgO)자기. 멀라이트($3Al_2O_3.2SiO_2$)자기. 스피넬($MgO.Al_2O_3$)자기 등이 있다.

3. 전자용자기

(1) 유전체

유전율이 큰 산화티탄을 주체로 한 소위 세라믹 유전체(ceramic dielectrics)는 다음과 같이 세 가지로 나눌 수 있다.

(가) 유전율이 크고 온도계수가 작은 것

TlO_2-MgO계가 널리 쓰이고 있으며, 그밖에 TiO_2-MgO-ZrO_2계 및 TiO_2-ZrO_2계 등이 쓰이고 있다.

산화티탄에 대하여 첨가제의 양이 증가함에 따라 유전율은 떨어지고 그 온도계수는 부(-)에서 정(+)으로 되며 유전체 손실이 극히 작아서 1x10-5,이하의 것 까지 있다.

보기를 들면 TiO_2 40(mol %), MgO 60(mol %)의 것은 유전율 18.5, 온도계수 $+7x10^{-5}$, $\tan\delta$ <$1x10^{-4}$이다. TiO_2 70(mol%), ZnO 30(mol%)의 것은 유전율60.5, 온도계수 $-55x10^{-5}$, $\tan\delta$ $2x10^{-4}$의 값을 나타내고 있다.

(나) 유전율과 온도 계수가 약간 작고, $\tan\delta$ 가 작은 것

금홍석 (rutile)을 주체로 하여 소량의 첨가제를 넣어 소결시킨 것으로 유전율은 80~100, 온도 계수는 -60~-80 ×10^{-5}의 것이 많다.

보기를 들면 산화티탄에 대하여 사산화삼납 (Pb_3O_4) 5%를 넣은 것은 유전율이 약 100이며, ZnO 10 %이면 89, MgCO₃ 5% 이면 84, 카올린 5%이면 90의 유전율을 나타내고 있다.

(다) 유전율이 가장 큰 것

티탄산바륨 ($BaO \cdot TiO_2$) 이 주체가 되는 것으로, 일반적으로 강유전체라고 한다. 순수한 티탄산바륨의 유전율은 상온에서 1500~2000 이지만 퀴리점인 120℃에서 급격히 증가하여 6000~10,000에 이르고, 정방정계로 전이한다.

축전기에 사용하는 경우에는 퀴리점을 낮추고 유전율의 피크나비를 넓히기 위한 첨가제로는 $MgSnO_3$, $NiSnO_3$, $CaTiO_3$, $MgTiO_3$ 등을 사용한다.

이들 성질을 이용하여 초음파 발생 장치, 크리스털 픽업, 마이크로폰 등의 전기 음향기기, Q 값이 높은 진동을 이용한 음향기기, Q 값이 높은 진동을 이용한 변압기 등이 제작되고 있다.

이 경우 퀴리점을 고온으로 이동시키기 위한 첨가제로는 $BaSnO_3$, $PbTiO_3$, $SrTiO_3$, $PbZrO_3$ 등이 있다.

(2) 반도체

반도체 (semiconductor) 란, 상온에 에서 전기를 잘 통하는 금속의 전기 전도율과 잘 통하지 않는 절연체의 전기 전도율과의 중간 물질이라 말 할 수 있다. 일반적으로, 반도체는 실온에서 비저항이 0.1~109Ω·cm정도이다.

그러나 엄밀하게 말하면, 전자의 운동에 따라 전기 전도성을 가지게 되는 고체 중에서 절대 영도에서는 전도성을 나타내지 않으나 온도가 높아짐에 따라 내부에 전도 전자가 열적으로 발생하기 때문에 상당량의 전도성을 나타내는 것을 반도체라고 한다.

반도체의 저항율은 온도에 따라 변화하는데. 고온으로 됨에 따라 저항율은 감소한다. 또, 불순물을 제거하여 저항률을 감소시킬 수 있다.

(가) 자성재료

페라이트(ferrite)의 구성에 따라 스피넬(spinel)형, 육방정계형, 가닛(garnet)형, 페로브스카이트(perovskite)형 등이 있는데, 이 중에서 스피넬형이 가장 많이 쓰인다. $MO \cdot Fe_2O_3$의 형을 가지며, 여기의 M은 2가 금속 원소로서 망간, 철, 코발트, 니켈, 구리, 마그네슘, 아연, 카드뮴 등이 알려져 있다.

이 재료는 금속 자성 재료에 비하여 높은 고유 저항을 나타내고, 또 저주파 영역에서부터 수십 메가사이클 (Mc/sec)까지의 영역에서는 높은 투자율을 나타낸다.

육방정계형은 마그네토플럼바이트($MO \cdot 6Fe_2O_3$)형이고, 2가 금속으로서 바륨, 스트론튬, 납 등이 쓰인다. 스피넬형 보다 한층 고주파 영역, 즉 100메가사이클 이상에도 쓰이며, 전자계산기의 기억 회로용, 파라메트론 소자용 등으로 개발되어 있다.

가닛($M_3Fe_5O_{12}$) 형과 페로브스카이트($MFeO_3$) 형의 금속은 희토류 원소인 이트륨(Y)을 쓴 것이 알려지고 있는데, 이것은 마이크로파 대역으로 볼 때 그 성능이 기대된다.

(나) 배리스터(varistor)

인가전압이 어떤 특정 값(항복전압)에 도달하기 전에는 절연체로 존재하다가 항복전압에 이르면 갑자기 도체로 변화하는 특성을 갖는다.

배리스터 재료로는 SiC, $BaTiO_3$, ZnO, $SrTiO_3$, Fe_2O_3, TiO_2 등

이 이용되는데 오늘날에는 ZnO가 주류를 이루고 있다. 유도뇌써지 (surge), 개폐써지, 유도성부하써지 등의 각종 과도이상전압으로부터 전자기기의 반도체소자나 회로시스템을 보호하는 서지흡수소자로서, 그리고 낙뢰로부터 전력설비를 안전하게 보호하기 위한 전력용 피뢰기의 핵심소자에 이르기 까지 광범위하게 응용되고 있다. 통신분야의 시스템을 보호 해 주는 서지 보호역할과 이동통신단말기, 노트북PC, 전자수첩, PDA 등의 정전기에 대하여 회로를 보호해주는 역할로서 적층형 배리스터가 각광받고 있다.

(다) 서미스터(thermistor)

저항 값이 온도 상승에 따라 현저하게 떨어지는 성질을 가진 망간, 코발트, 니켈 등의 산화물을 주체로 하고, 여기에 구리, 철, 티탄, 아연 등의 산화물을 조합하여 반 용융 상태로 까지 가열하여 소자로 한 것인데, 염주알상, 로드상, 음반상, 워셔상 등이 있다.

온도의 측정제어 외에도 서지 전류제어, 진폭 제어 등 전자공학상 쓰이는 곳이 많다.

최고 허용 온도는 300℃이며, 온도를 측정하는 정밀도는 높다. $BaO \cdot TiO_2$에 0.5(mol)% 이하의 스트론튬(Sr), 란탄(La), 사마륨(Sm), 가돌리늄(Gd), 홀뮴(Ho) 등의 산화물을 넣으면, 상온의 비저항이 10~106 Ω·cm로 적어진다. 이 값이 120℃ 정도까지는 감소하지만, 120~150℃에서는 급격히 세 자리 이상으로 증가하는 성질을 가진 것도 발견되었다.

4. 파인 세라믹

규산염 광물을 주성분으로 한 이제까지의 전통요업(올드세라믹)에 대응한 용어로서, 근년 세라믹 기술의 눈부신 진보와 개발로 이제까지의 도자기에서는 기대할 수 없었던 고성능·고기능성의 세라믹을 총칭하여 파인 세라믹 또는 뉴 세라믹이라고도 한다.파인 세라믹을 기능면에서 분류하면 전자기(電磁氣)·광학적 기능을 갖고 있으며, 주로 일렉트로닉스를 중심으로 이용하는 기능성 세라믹, 내열성과 강도를 충분히 높인 엔지니어링 세라믹, 생체 적합성을 특히 중시하는 바이오 세라믹으로 나눌 수 있다. 현 단계에서 실용화가 진척되고 있는 것은 일렉트로닉스 세라믹이지만 장래의 열기관 재료로 엔지니어링 세라믹과 바이오 세라믹의 발전이 크게 기대되어 개발이 활발하다.

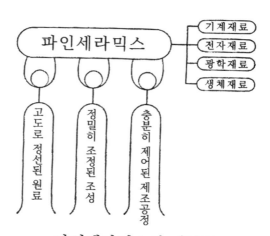

파인세라믹스의 개념도

세라믹스의 기능과 응용관련표

기능의 분류	산화물 세라믹스			비산화물 세라믹스		
	기 능	재 료	응용과 관련	기 능	재 료	응용과 관련
전기·전자적 기능	절연성	$Al_2O_3 \cdot BeO$	기판	절연성	C, SiC	기판
	유전성	$BaTiO_3$	케파시티	도전성	SiC, $MOSi_2$	발열체
	압전성	$Pb(Zr_2,Ti_{1-2})O_3$	발진자. 착화소자	반도성	SiC	바리스터, 피뢰기
		ZnO, SiO_2	표면탄성파 지연소자	전자	LaB_6	전자총용 음극
	자성	$Zn_{1-2}Mn_2$	기억. 연산소자			
		Fe_3O_4	자심			
	반도성	SnO_2	가스센서			
		$ZnO\text{-}Bi_2O_3$	베리스터			
		$BaTiO_3$	저항소자			
	이온	$\beta\text{-}Al_2O_3$	NaS 전지			
	전도성	안정화 ZrO_2	산소센서			
기계적 기능	내마모성	$Al_2O_3 \cdot ZrO_2$	연마재.지석	내마모성	B_4C, Diamond	내마모재, 지석
	절삭성		절삭공구	절삭성	C-BNTiO WC, TiN	절삭공구
				강도기능	Si_3N_4, SiC	엔진,내열
					사이아론	내식재료, 공구재
				윤활기능	C, MoS_2, h-BN	고체윤활재 이형재

기능의 분류	산화물 세라믹스			비산화물 세라믹스		
	기 능	재 료	응용과 관련	기 능	재 료	응용과 관련
광학적 기능	형광성	$Y_2O_2S : Eu$	형광체	투광성	AlON, N 함유유리	창재
	투광성	Al_2O_3	Na-램프 외 투관	광반사성	TiN	집광재
	편광성	PLZT	광학편광 소자			
	도광성	SiO_2 다성분계유리	광통신섬유			
열적 기능	내열성	Al_2O_3	내열구조재	내열성	SiC, Si_3N_4 h-BN, C	각종 내열재
	단열성	$K_2O·nTiO_2$ $CaO·nSiO_2ZrO_2$	단열재		C, SiC	각종 단열재
	전열성	BeO	기판	전열성	C, SiC	기판
원자력 관련 기능	원자로재	UO_2	핵연료	원자로재	UC	핵연료
		BeO	감속재		C, SiC	동상 피복재
					C	감속재
					B_4C	제어재
생화학적기능	치골재	Al_2O_3, $Ca_5(F,Cl)P_3O_{12}$	인공치골	내식성	h-BN, TiB_2	증착용기
	담체성	SiO_3, Al_2O_3	촉매담체		Si_3N_4, 사이아론 C, SiC	펌프재. 각종 내식부재

이온전도성

산소계용산소센서, 자동차의
배기가스산소센서, 금속중의
산소 및 카본측정소자, CO가
스센서, 산소펌프, 불완전연
소센서, 고온고체 전해질 연
료전지

비자성·인성

코일초정용드라이버,
골프그라프용 부품,

도전성

초고온로 저항발열체,
자동차 배기가스온도센서

절삭성

가위, 조리용칼
절삭공구

단열성

단열재, 디젤엔진
부품

광굴절성

큐빅지르코니아,
인공보석

전기·전자적 기능

기계적기능

열적기능

광학적 기능

ZrO₂

지르코니아세라믹스
ZrO₂의 나무

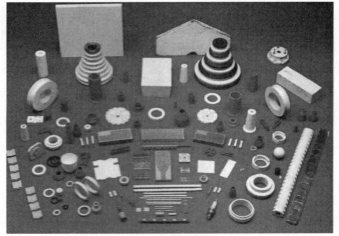

여러가지 파인세라믹스

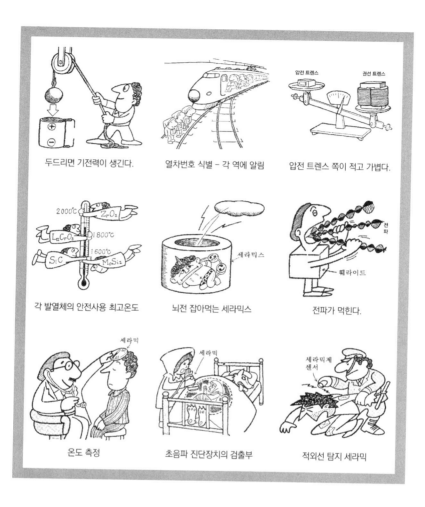

두드리면 기전력이 생긴다.

열차번호 식별 - 각 역에 알림

압전 트렌스 쪽이 적고 가볍다.

각 발열체의 안전사용 최고온도

뇌전 잡아먹는 세라믹스

전파가 먹힌다.

온도 측정

초음파 진단장치의 검출부

적외선 탐지 세라믹

고강도·고신성 지르코니아 제품

SiC 기계부품

5. 의료용 도자기

(1) 도치 재료

인간의 치아 대체물로서 특수한 소지로 성형하여 제조된 것으로 장석
질 재료와 알루미나 재료 등이 있다. 처음 개발된 장석질 재료의 조성은
아래 표와 같다.

원료	칼륨장석	규석	점토
비율(%)	81	14	5

융제로 석회석을 첨가하여 유리
질 함량이 많게 제조한 경우도 있
는데, 이는 인간의 치아와 비슷하
게 한 것이다. 근년 알루미나, 지르코니아 등을 이용하여 투광성 및 강
도가 우수한 도치재료가 개발되고 있다.

(2) 바이오세라믹스

금속이 신체의 골절
대체용 재료로 개발되
어 왔으나, 생체 조직 내
에서 오랫동안 사용하면
부식될 수 있으며, 살아

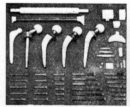

생체 재료(수복재료와 대체재료)   알루미나 관절 연결 재료

있는 생체 조직과의 화합성이 좋지 못한 두 가지 점에서 생체 재료로서
의 조건을 충족시키지 못하였다. 그래서 더 좋은 재료로 개발된 것이 생
체 친화력이 좋은 다공성의 바이오세라믹스(bioceramics)이며, 이 재
료가 갖추어야 할 성질은

① 살아있는 생체와 같은 강도를 가져야 하며
② 생체 조직 내에서 장기간의 화학적 안정성을 지니고,
③ 생체조직과의 친화력이 좋아야 한다.

이러한 특성을 만족시키는 재료로는 알루미나-실리카계 화합물, 그리고 인간의 뼈 성분인 Ca과 P을 함유한 아파타이트(apatite), 지르코니아, 탄소, 도자기마이카계, 결정화유리, 수산아파타이트, 생체유리, AW, 결정화유리, 인산칼슘계시멘트 등이 있다.

(3) 생명관련 도자기

인체의 일부를 대체하기 위한 세라믹스를 좁은 뜻의 바이오세라믹스라면, 넓은 뜻으로는 효소등의 소정화 담체, 담백질 등의 생체성분의 분리, 정제 등에 사용하는 바이오 테크놀로지 관련 세라믹스도 포함된다.

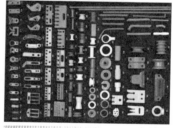

즉, 효소와 같은 생체가 가지고 있는 기능물질을 이용하여 복잡한 화합물을 검지하는 센서, 원적외선을 자체방사하여 자연의 생명력을 환원시키는 생명 활성체, 살균, 소독, 멸균, 탈취 등 다양한 물질이 연구 개발되고 있다.

흙 반죽의 달인(達人) 임노인

경주 배리(오능 동쪽마을)에 임 노인이란 분이 계셨다. 풍로공장을 하였는데, 광복이 된 후 장작연료는 연탄으로 바꾸어지면서 풍로의 수요가 급감하게 된다. 경영이 어려우니 다른 사업을 하다가 가산을 탕진하고, 무작정 서울로 올라가게 되었는데, 결국은 익힌 기술로 되돌아가게 되었다는 것이다.

그간에 연탄수요가 급증하니 수공에서 기계화로 되는 단계, 원통형을 밑으로 뽑는 압출성형기가 개발되었는데, 다른 사람이 반죽한 흙을 넣으면 안 되어도 임 노인이 반죽한 흙을 넣으면 99%성공이라니, 돈을 벌 수 밖에, 크게 재산을 모아 고향에 돌아와서 잃었던 재산 복구하고 잘 산다면서, 남선일대에서는 자기가 흙 반죽 최고라면서 자랑하였다.

제 3 장

도자기의 원료

　　도자기의 원료는 천연광물 중의 암석, 또는 흙의 상태로 지구상에 널리 분포되어 풍부하게 있다. 이들 원료들은 산출되는 장소에 따라 생성과정 성분 특성 등이 다르므로 그 성질은 더욱 달라진다.

　　도자기 원료를 크게 나누어 가소성원료, 비가소성원료, 매용원료와 유약원료로 나눈다.

　　가소성 원료에는 주로 점토가 쓰이며 이는 성형하기 알맞은 점성(가소성)과 건조강도, 소성강도 등을 부여하나 철분함량이 많고 수축이 많아 변형, 파열하는 등의 결함도 있다.

　　비가소성원료에는 내화성과 점성을 조절하는 규석과 수축을 적게 하기 위하여 만든 샤못트(燒粉) 등이 있다,

　　매용원료는 자화온도(내화도)를 낮추기 위하여 넣는 원료로 주로 장석이 쓰이나 활석 석회석 등도 있다.

　　이 밖에도 많은 종류의 무기질 천연원료가 쓰이고 있으며 부원료로 유기질원료 까지도 이용되고 있다.

제 1 절 카올린질 원료

화성암인 화강암. 석영조면암. 석영반암. 편마암. 휘암. 분암 등에는 장석류나 운모류와 같은 알카리 규산알루미나가 들어 있어서 이들이 풍화작용 또는 열수작용을 받아 흙의 상태로 변한 것으로, 성분은 함수규산알루미나로 화학식은 $Al_2O_3 \cdot 2SiO_2 \cdot 2H_2O$이다.

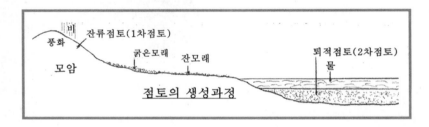

카올린질원료를 카올린과 점토로 나누는데 점토는 또 1차점토(잔류점토)와 2차점토(퇴적점토)로 나누며, 1차점토는 모암의 위치에 있는 것이고 2차점토는 물이나 바람에 의해 이동한 것이다.

또한 모암의 위치에 있는 잔류광상형과 산성열수용액에 의해 생성된 열수광상형과 모암의 위치에서 수류에 의하여 이동한 퇴적수성광상형

※ 지금까지 카올린과 점토를 점토질광물로 분류하였는데, 그 특성상 점토는 점성 또는 가소성이 있으나 카올린은 가소성이 없어 혼동되는 경우가 있으므로 착오 없기를 바람. 여기서는 그 조성이 $Al_2O_3 \cdot 2SiO_2 \cdot 2H_2O$로 동질이기 때문에 카올린질 광물로 규정함.

으로 나눈다.

일반적으로 1차점토는 가소성이 적고, 2차점토는 가소성은 크나 철분이나 불순물이 많다.

화강암을 보면 석영과 장석. 운모의 결정이 눈에 보이는데, 장석과 운모는 풍화되어 빗물에 씻겨 떠내려가다가 석영은 중간에 쌓여 모래가 되고 멀리 수류가 정체된 곳에 쌓인 것은 점토다.

— 흑운모(검은색)
— 장석(흰색이나 분홍색)
— 석영(반짝이는 부분)

열수광상형에는 영일. 화순. 송석. 다도. 단양 등에, 수성광상형에는 신례원. 화순. 정선 등에, 잔류광상형에는 하동. 산청. 성주 등에 있다.

장석이 풍화하는 과정을 카올린화 반응(Kaolinization) 또는 자토화현상(磁土化現象)이라 하는데 화학반응식은 다음과 같다.

$$\underset{\text{(칼륨장석)}}{K_2O \cdot Al_2O_3 \cdot 6SiO_2} + CO_2 + 2H_2O \rightarrow \underset{\text{(카올린)}}{\underset{\text{(풍화작용)}}{Al_2O_3 \cdot 2SiO_2 \cdot 2H_2O}} + \underset{\text{(유리규산)}}{4SiO_2} + \underset{\text{(가용성)}}{K_2CO_3}$$

$$\underset{\text{(나트륨장석)}}{Na_2O \cdot Al_2O_3 \cdot 6SiO_2} + CO_2 + 2H_2O \rightarrow Al_2O_3 \cdot 2SiO_2 \cdot 2H_2O + 4SiO_2 + Na_2CO_3$$

1. 고령토(高嶺土)

카올린(Kaolin)이라고도 하는데, 고령토는 중국의 고능토에서 유래되었으며 현장에서는 백토, 자토, 도토, 백도토 등으로도 불려진다. 그화학식은 $Al_2O_3 \cdot 2SiO_2 \cdot 2H_2O$이며, 카올린족 광물에는 카올리나이트(Kaolinite), 할로이사이트(Halloysite), 디카이트(Dickite), 나크라이트(Nacrite) 등으로 되어 있는데, 이들을 카올린의 동질다상이라 한다.

일반적으로 점토와 거의 같은 조성을 가지고 있지만 점토에 비하여 불순물이 적고 알갱이가 커서 가소성이 작으며 내화도가 높고 소성색은 백색 또는 백색에 가까운 엷은 분홍 또는 갈색이다.

우리나라의 주산지는 여러 곳이지만 그 중에서도 경남 하동과 산청을 중심으로 한 주변 지역에 질적으로 우수한 고령토가 풍부하게 매장되어 있으며, 외국에 수출 까지 하고 있다.

우리나라의 고령토는 대부분 할로이사이트로 되어 있어서 전자현미경으로 관찰하면 거의가 기둥모양의 결정으로 되어 있으며 샤못트(燒

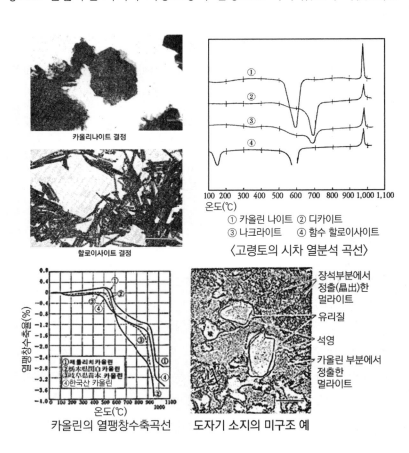

카올리나이트 결정

할로이사이트 결정

① 카올린 나이트 ② 디카이트
③ 나크라이트   ④ 함수 할로이사이트

〈고령토의 시차 열분석 곡선〉

카올린의 열팽창수축곡선

장석부분에서 정출(晶出)한 멀라이트
유리질
석영
카올린 부분에서 정출한 멀라이트

도자기 소지의 미구조 예

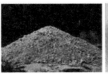

粉:chmotte)를 제조할 때 소결이 잘 되지 않는 결점이 있다.

고령토는 백색인 것과 분홍색의 것과 갈색을 띤 것이 있는데, 백색인 것은 고급도자기에. 분홍색은 보통도자기에 갈색은 저급도자기에 쓰이고 있으며 내화 샤모트 제조용으로도 쓰이고 있다.

도자기용 고령토는 Al_2O_3가 35%이상, Fe_2O_3가 0.5%이하, TiO_2가 0.1% 고령토의 화학성분 조성(%)이하, 강열감량이 13%이하, 내화도가 SK33이상이고, 소성색깔이 1300℃ 환원염소성에서 백색이여야 한다.

고령토의 화학성분 조성(%)

성분 산지	SiO_2	Al_2O_3	Fe_2O_3	CaO	MgO	강열 감량
경남 하동	95.46	1.59	0.40	1.06	0.46	12.60
경남 산청	45.00	40.05	1.25	흔적	0.21	12.63
경남 단성	43.44	41.48	0.77	1.02	0.64	13.64
경남 오부	45.84	38.08	0.70	1.80	0.78	13.22
경남 옥종	42.80	42.17	0.73	0.90	0.60	14.12
경북 성주	47.04	37.15	2.19	0.69	0.26	13.21
경북 가야	42.68	38.62	0.58	0.18	1.30	13.29
기준치	46.30	39.50	-	-	-	13.90

2. 점토(粘土)

가소성이 큰 토상 광물을 점토라고 한다. 도자기를 만드는 원료가 무엇인가고 묻는다면 한마디로 백토라 말할 수 있으며 유리는 모래. 시멘트는 석화석이라 할 수 있듯, 도자기에 가장 많은 양을 쓰는 원료가 백토인데 백토는 가소성이 없어 도자기 성형이 어렵다. 그러므로 여기에 점토를 넣어 가소성을 증가시키고 건조강도와 소성강도를 증가시키기 위하여 꼭 필요한 원료이다. 영국의 볼 클레이(ball clay)와 일본의 목절점토(기부시)가 유명하나 우리나라에는 양질의 점토가 생산되지 않아 고급도자기에 쓰는 점토는 외국에서 수입하고 있다.

점토의 화학성분조성은 고령토와 비슷하나 유기물이나 불순물이 많고 일반적으로 색은 짙고 검은색을 나타내는 것도 있다, 입자가 미세하므로 건조수축과 소성수축이 커서 변형 또는 파열하는 등의 결점이 있다. 소성색은 소성분위기에 따라 다르나 산화불꽃에서는 짙은 노란색을 띠는 것이 보통이지만 특별히 우수한 것은 담황색이나 백색인 것도 있다.

점토에는 목절점토와 와목점토가 있는데 목절점토(木節粘土)는 탄층에 많이 있는 것으로 석탄질이나 부식물질을 많이 함유하고 있으므로 회적 또는 진한흑색을 나타내고, 주로 내화점토로 쓰이지만 수비 정제한 것은 고급도자기에도 쓰인다. 와목점토는 모암의 위치에서 조금 이동한 2차점토로 유리 규산이 개구리눈알처럼 썩여 있다하여 와목점토

점토의 화학성분조성(%)

성분 산지	SiO$_2$	Al$_2$O$_3$	Fe$_2$O$_3$	CaO	MgO	K$_2$O + Na$_2$O	강열 감량
경기 포천	75.30	14.00	0.96	3.44	1.73	-	3.22
경남 덕산	55.88	25.00	1.98	0.65	1.34	-	14.40
경남 오부	46.48	36.20	2.45	0.83	0.50	-	14.35
전남 함평	52.50	29.14	1.74	2.48	1.31	-	12.57
일본 목절점토	51.80	33.05	1.47	0.26	0.11	0.45	12.08
일본 와목점토	48.14	35.01	1.17	0.54	0.28	0.84	13.27
영국 볼클레이	49.00	32.00	2.00	0.50	-	2.00	13.50
미국 켄터키	46.55	32.45	0.61	0.67	0.37	1.09	18.78

(蛙目粘土)라 하며, 불순물이 적고 색상이 백색에 가까워 고급도자기에 쓰이지만 가소성은 목절점토에 비하여 떨어진다.

원료의 화학성분분석표를 보면 일반적으로 SiO_2 , Al_2O_3, Fe_2O_3, CaO, MgO, K_2O, Na_2O, 강열감량을 나타내고 있다. SiO_2와 Al_2O_3는 내화도의 주체이고, Fe_2O_3는 원료의 품질을 낮추며, 다음 알카리의 함량은 내화도를 낮게 하고, 강열감량은 유기물이 타서 없어지거나, 탄산염이 분해되어 CO_2가 날라 가거나, 화합수가 분리되어 H_2O가 비산하는 것이므로 소성수축이 커져서 변형 또는 균열 등의 나쁜 현상이 일어난다.

강내화성분	Al_2O_3	2,000 ℃	강용융성성분	Na_2O, K_2O
약내화성분	SiO_2	1,710 ℃	약용융성성분	CaO, MgO

3. 벤토나이트

벤토나이트(bentonite)는 극히 미세한 알갱이로 된 점토로서 주 광물은 몬모릴로나이트(montmorillonite)인데, 화산회토의 유리성분이 분해되어 생성된 매우 점성이 강한 점토를 말한다. 벤토나이트의 대부분은 물속에서 팽윤하므로 팽윤토라고도하고, 팽윤하지 않고 산성을 띠는 것을 산성백토(acidy clay)라고 한다.

벤토나이트는 몬모릴로나이트 외에 석영, 크리스토발라이트, 제올라이트(zeolite), 장석, 무정형 규산, 철 광물 및 유기물 등을 함유하고 있다.

일반적으로 벤토나이트는 몬모릴로나이트에 의한 팽윤성, 점결성, 양이온교환성 등을 나타내므로 소지의 가소성과 강도를 높이는데 사용되

며, 또 주입슬립(slip)에 첨가해서 건조강도를 증진시키는 역할을 한다. 그러나 벤토나이트는 철분이 많고 콜로이드(colloid)성이 크므로 도자기 원료로 2~5%이상을 넣어서는 안 된다. 또 도자기 원료로서 점착성이 크면 좋지 못하므로 나트륨벤토나이트 보다 석회벤토나이트가 유리하다.

우리나라에서 산출되는 벤토나이트는 경상북도 포항시를 중심으로 영일만 및 동해안에 분포되어 있으며 이들은 몬모릴로나이트를 주 구성광물로 하고, 수반광물로는 장석, 클로라이트(chlorite), 제올라이트(zeolite) 등과 일부는 카올린 광물로 되어 있다.

산지별 벤토나이트의 화학조성(%)

성분 산지	SiO_2	Al_2O_3	Fe_2O_3	CaO	MgO	Na_2O	K_2O	강열 감량
경북 영일(1)	67.21	16.02	2.01	1.80	1.32	1.65	2.81	7.11
경북 영일(2)	67.83	17.31	1.89	1.79	1.47	0.87	0.32	8.44
동해안	73.01	13.42	1.64	0.64	1.53	0.32	0.48	9.01
일본산	58.79	14.27	2.99	0.70	1.28	3.42	0.76	17.06
미국산	64.32	20.74	3.03	0.52	2.30	2.59	0.36	5.14

4. 견운모(絹雲母)

　운모족에는 견운모(絹雲母:sericite)와 백운모, 흑운모, 등 여러 가지가 있는데, 견운모는 알갱이가 미세하고 겉면이 매끈하여 비단과 같은 광택을 내는 물리적인 특성이 있어 견운모라 하며 이 때문에 가끔 활석으로 오인 되는 수도 있다. 견운모의 화학식은 $K_2O \cdot Al_2O_3 \cdot 6SiO_2 \cdot 2H_2O$ 로서 이론 조성은 K_2O 11.8%, SiO_2 44.2%, Ai_2O_3 38.5% 인데, 백운모는 SiO_2/Al_2O_3 비가 크고 K_2O 함량이 적으며 수분을 많이 함유하고 있다, 수분함량은 강열 감량을 크게 하므로 제품에 나쁜 영향을 준다.

　견운모를 도자기원료로 중요시하고 있는 것은 점토상으로 가소성 및 건조강도가 크고, 또 장석의 역할을 겸하며 용융할 때 생성되는 유리상의 점성이 커서 하중연화온도가 높기 때문이다.

견운모의 화학조성(%)

성분 산지	SiO_2	Al_2O_3	Fe_2O_3	CaO	MgO	Na_2O	K_2O
전북 임실	49.01	29.08	4.19	1.65	1.35	2.25	5.58
일본 대지	46.03	36.19	0.59	6.43	tr	9.66	5.65
경북 문경	47.36	33.97	4.04	-	-	-	-

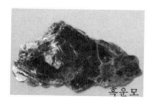
흑운모

견운모

백운모

5. 그 밖의 점토

(1) 약토(slip clay)
산화철 등 융제 성분을 많이 함유하고 있기 때문에 한 가지 원료만으로도 SK5~10에서 완전히 용융하므로, 주로 옹기용 유약으로 이용되고 있다.

(2) 석기점토
산화철을 많이 하유하는 황적색의 흙으로, 한 가지 원료로도 성형성이 좋고, 소결이 잘되는 흔한 흙이다, 우리나라의 대표적인 석기는 옹기이니 옹기 점토라고도 한다.

(3) 유약용 점토
유약을 분쇄 할 때 첨가하여 유약을 슬립상태로 현탁 시켜 시유한 후에 소지에 견고하게 부착되도록 첨가하는 가소성 점토이다. 입도가 미세하고, 현탁 시키는 힘이 크고, 콜로이드상의 유기물이 많아 해교제나 응교제에 대한 보호 콜로이드의 역할을 하는 것이 좋다.

6. 도석(陶石)

도석은 장석질 암석이 카올린화(자토화) 되는 중간단계의 암석이라 할 수 있다. 광물학적으로 보면 석영을 주로 하고 견운모와 카올린 또는 장석을 수

반하고 있는 백색의 치밀한 암석이며, 자토화의 정도에 따라 알카리의 함유량이 다르므로 특성이 다양하다.

단미(한가지원료)로도 제토·성형한 후 소성하여도 자화가 되어 도자기를 만들 수 있으므로 도석이라 불렀고 그래서 도자기용 조합석이라고도 한다. 도석의 주성분은 석영이고 여기에 융제 역할을 하는 장석과 융제 역할을 하면서도 가소성이 큰 견운모가 들어 있기 때문이다.

도석의 화학성분조성(%)

성분 산지	SiO_2	Al_2O_3	Fe_2O_3	CaO	MgO	K_2O	Na_2O	강열 감량	내화도 SK
묵호 (강원)	66.92	24.33	0.95	1.32	1.04	1.02	1.82	5.27	12
진동 (경남)	73.68	11.78	0.92	0.90	0.92	-	-	2.97	12
양산 (경남)	76.02	19.48	0.31	0.64	0.47	-	-	2.40	27
경주 (경북)	76.82	13.65	0.31	0.19	0.52	-	-	1.24	16
청송 (경북)	71.90	19.04	0.38	2.12	0.52	-	-	5.57	29
고흥 (전남)	74.06	17.31	0.66	0.04	0.49	3.99	0.75	-	-

제 2 절 규석(硅石:Silica)질 원료

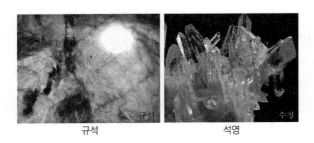

규석   석영

지각을 구성하고 있는 토석(土石)에 SiO_2는 60%정도이나 대부분은
규산염의 형태이고 일부만 유리상태의 규산으로 존재하는데 결정질인
수정 등도 있으나 대부분은 규석의 상태로 존재한다.

1. 규석(硅石:quartz)

화학식은 SiO_2. 경도 7. SK 32~35. 비중 2.7로 백색 또는 엷은 색을
띠는 단단한 암석이다. 광물학적으로는 석영이라 부른다. 대부분 석영
(α-quartz)을 주체로 하고 있으나 큰 단결정으로 부터 잠정질의 집합체
에 이르기까지 여러 형태의 것이 있다. 그리고 드물게는 크리스토발라
이트(Cristobalite)나 트리디마이트(Tridymite)로 되어 있는 것이 있고
때로는 이들 결정질 이외에 비정질(무정형)의 실리카로 된 것도 있다.
화학성분상으로는 SiO_2 99.6% 이상, $Na_2O + K_2O$ 0.15% 이하, Fe_2O_3
0.05% 이하, CaO 0.1% 이하, MgO 0.1% 이하, Al_2O_3 0.1% 이하의 것
을 양질의 규석으로 하고 있다.

화학적 성질을 보면 결정질의 것은 알카리 수용액이나 산에는 강하지만 플루오르산(HF)에 쉽게 반응하여 플루오르화규소(SiF_4)가 생성되어 휘발하므로 침식되는데 그 화학반응식은 다음과 같다.

$$SiO_2 + 4HF \rightarrow SiF_4 + 2H_2O$$

또 규산은 알카리와 상온에서 거의 반응하지 않지만, 고온에서는 알카리와 쉽게 반응하여 알카리 규산염이 되는데 이것을 규산나트륨, 즉 물유리라 하며 물에 잘 용해하므로 가용성규산이라고 한다, 그 화학반응식을 보면 다음과 같다.

$$nSiO_2 + 2NaOH \rightarrow Na_2O.nSiO_2 + H_2O$$

규산의결정형은 석영(quartz), 트리디마이트(tridymite),크리스토발라이트(crlstobalite)의 주형으로 구별된다, 각 주형에는 저온에서 안정한 저온형(α형)과 고온에서 안정한 고온형(β형)이 있다. 일반적으로 이들 세 가지 주결정형 가운데 석영은 870℃이하에서, 트리디마이트는 870~1570℃사이에서, 또 크리스토발라이트는 1250~1713℃사이에서 구조가 안정하며, 이러한 과정을 식으로 나타내면 다음과 같다.

$$
\begin{array}{ccccc}
& 870℃ & & 1570℃ & \\
\beta\text{-형석영} & \rightarrow & \text{트리디마이트} & \leftrightarrows & \text{크리스토발라이트} \\
\uparrow & & 1250℃ & & \uparrow
\end{array}
$$

이와 같이 한 결정에서 다른 결정으로 상이 바뀌는 것을 전이(transition)라고 하는데 이는 요업체에서 매우 중요하게 다루어지며 1713℃이상의 온도로 가열하면 용융되어 석영유리가 된다.

(1) 규석의 이용

규석은 ①소지의 가소성이 너무 클 때 줄여주고. ②건조 및 소성수축을 감소시키고. ③기계적 강도를 증가 시키고. ④내열성과 내화학성을 크게 하고. ⑤전기절연성을 높이고. ⑥백색도와 투광성을 증가시킨다.

유약에서는 규석을 많이 쓰면 ①용융온도가 높아지고. ②유동성이 감소되고. ③내열성과 내화학성을 증가시키고. ④강도를 증가하고. ⑤열팽창계수를 저하시키고. ⑥광택을 증가시키는 등 의 장단점이 있으므로 염기성성분과 규산의 비율이 몰당량(mole equivalent)으로 1:1~1:3 안에 있어야 하는데, 이를 규산비(硅酸比:silica ratio))라 한다.

규산비가 너무 작으면 소성 후 유리질의 유약이 가용성으로 되고, 너무 크면 소성 할 때 녹지 않아 유약에 광택이 나지 않는다.

규석의 화학성분 조성(%)

성분 산지	SiO_2	Al_2O_3	Fe_2O_3	CaO	MgO	Na_2O	K_2O	강열 감량
서산	97.39	1.15	0.19	0.52	0.12	–	–	–
평택	99.69	0.03	0.20	흔적	–	–	–	–
고양	96.50	1.17	–	0.26	0.49	2.42	0.19	–
무안	97.90	0.07	0.91	0.46	0.22	–	–	0.64
당진	99.44	0.88	0.07	0.40	0.48	–	–	0.17
김천	98.15	0.96	0.18	–	–	–	–	–

제 3 절 장석(長石, feldspar)질 원료

장석은 알카리장석과 알카리토류장석으로 구분하고 3성분계로 이루어진 규산염광물로 지각에 많이 존재한다.

일반적으로 장석은 용융점이 낮고, 특히 카올린, 석영 등에 대하여 융제(flux)역할을 하기 때문에 도자기 소지(태토)나 유약에 많이 사용한다.

일반식은 $RO \cdot Al_2O_3 \cdot nSiO_2$ 로 나타내고, 이것은 화성암 중에 약60%를 차지하고 있다.

1. 장석의 종류

장석은 도자기 제조에서 규석과 함께 비가소성원료로 분류되며 알카리나 알카리토류족의 상호 치환에 의하여 고용체를 형성하므로 순수하게 산출되는 경우는 드물므로 장석의 이름을 그 주성분에 의하여 구분한다.

(1) 칼륨장석

가장 대표적인 장석으로 정장석이라고도 하며, 화학식으로는 $K_2O \cdot Al_2O_3 \cdot 6SiO_2$이다. 일반적으로 순수한 칼륨장석은 거의 없다. 이론적으

종류		알카리 장석		알카리 토류 장석	
		칼륨장석 (정장석)	나트륨장석 (조장석)	칼슘장석 (뢰장석)	바륨장석 (중장석)
화학식		$K_2O \cdot Al_2O_3 \cdot 6SiO_2$	$Na_2O \cdot Al_2O_3 \cdot 6SiO2$	$CaO \cdot Al_2O_3 \cdot 2SiO_2$	$BaO \cdot Al_2O_3 \cdot 2SiO_2$
구조식		$KAlSi_3O_8$	$NaAlSi_3O_8$	$CaAl_2Si_2O_8$	$BaAl_2Si_2O_8$
화학성분(%)	SiO_2	64.70	67.70	43.20	32.00
	Al_2O_3	18.40	19.50	36.70	27.10
	CaO	-	-	20.10	-
	BaO	-	-	-	40.90
	K_2O	16.90	-	-	-
	Na_2O	-	11.80	-	-
비중		2.56	2.605	2.75	3.43
용융점(℃)		1.220	1.100	1.552	1.715
결정계		단사	삼사	삼사	단사

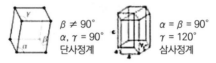

$\beta \neq 90°$
$\alpha, \gamma = 90°$
단사정계

$\alpha = \beta = 90°$
$\gamma = 120°$
삼사정계

로는 SiO_2 65.7%, Al_2O_3 18.4%, K_2O 16.9%의 화학 성분을 가진다. 보통 칼륨의 일부가 나트륨으로 치환되어 있는 경우가 많은데, 때때로 나트륨의 치환량이 더 많은 경우도 있다. 이와 같이 나트륨이 많은 칼륨장석을 나트륨장석이라고 한다.

특히, 칼륨장석에 포함된 나트륨이 나트륨 장석으로 분리되어 규칙적인 배열을 하고 있을 때, 이것을 퍼사이트(perthite)구조라 하고, 이러한 장석을 퍼사이트장석이라 한다. 또 칼륨장석에 나트륨의 고용량이 적은 장석을 미사장석(microcline)이라 한다. 이것은 유리 광택이 나며 백색, 또는 노란 색을 띤 백색이 많고, 투명한 것에서부터 불투명한 것

까지 여러 종류가 있다.

(2) 나트륨 장석

나트륨장석(albite)은 조장석 또는 소다장석이라고도 하며, 화학식으로는 $Na_2O \cdot Al_2O_3 \cdot 6SiO_2$이며, 화학 성분 조성은 SiO_2 68.7%, Al_2O_3 19.5%, Na_2O 11.8%이다. 나트륨장석은 칼슘장석과 같은 형의 결정계로 칼슘장석의 함유량에 따라 명칭이 달라지며, 칼슘장석이 10%이하 혼합된 것을 나트륨장석이라 한다.

나트륨장석의 결정 알갱이는 작고 입상 또는 편상의 덩어리로 되어 있다. 또한 색깔은 대부분이 백색이며, 투명한 것과 불투명한 것이 있다.

나트륨장석은 칼륨장석에 비하여 자화 온도를 저하시키고 소성 도중 비틀림을 일으키는 경향이 있으며, 점성이 낮은 액상을 형성하므로 도자기 소지보다는 주로 유약 원료로 사용한다.

(3) 칼슘장석

칼륨장석(anorthite) 은 회장석 또는 석회장석이라고도 하며, 화학식으로는 $CaO \cdot Al_2O_3 \cdot 2SiO_2$이다. 나트륨을 약간 함유하고 있는데, 일반적으로 나트륨장석의 함유량이 10%이하의 것을 칼슘장석이라고 한다. 색깔은 대부분이 백색이고, 투명한 것과 불투명한 것이 있다.

(4) 바륨장석

바륨장석(celsian)은 중장석이라고도 하며 화학식은 $BaO \cdot Al_2O_3 \cdot 2SiO_2$이다. 다른 장석에 비하여 용융점이 1715℃로 높으므로 장석 원료보다는 바륨 공급 원료로 사용된다.

(5) 그 밖의 장석

(가) 사장석(plagioclase)

나트륨 장석이나 칼슘 장석의 함유량이 모두 10%이상이 되는 것을 사장석 또는 나트륨 칼슘 장석이라고도 한다. 즉, 칼슘 장석에 비하여 나트륨 장석의 함유량이 많고, 나트륨 장석에 비하여 칼슘 장석의 함유량이 많이 조성되어 있다.

이 장석은 중요한 조암광물의 하나로 화성암, 변성암의 주성분으로 널리 존재하며, 특히 우리나라에서 유명한 하동과 산청 고령토의 모암은 칼슘 장석과 사장석으로 되어 있다.

(나) 리튬장석(petalite)

엽장석이라고도 하며, 화학식은 $LiO \cdot Al_2O_3 \cdot 8SiO_2$로, 결정으로 산출되는 일은 거의 없다. 리튬장석은 열팽창 계수가 작으므로, 이것을 첨가함으로써 석영의 전이에 의한 팽창의 변화를 줄일 수 있어, 열충격에 강한 제품을 만들 수 있다.

(다) 하석(nepheline)

나트륨 장석의 일종으로 화학식은 $Na_2O \cdot Al_2O_3 \cdot 2SiO_2$이다. 그러나 천연적으로 산출되는 하석은 순수한 것이 없고, 일반적으로 칼륨을 함유하고 있기 때문에 화학식이 $K_2O \cdot Al_2O_3 \cdot 2SiO_2$인 것과 섞여 있다.

도자기 소지에 이것을 칼륨장석 대용으로 쓰면, 일반적으로 자화 온도를 낮추고 소결을 촉진하며, 투광성을 높이고 기계적 강도를 크게 하는 효과가 있다. 소성 색깔은 보통 백색, 회색, 황색, 녹색 등을 띠고, 표면은 유리와 같은 광택을 내며, 내화도는 SK7정도 이지만, 소성 범위가 넓다. 미국에서는 철분이 적은 것이 신출되므로 장석 대용으로 널리 쓰이고 있다.

2. 장석의 성질

장석은 용융 온도가 낮아 고온으로 소성할 때 플럭스 역할을 하는 원료로서, 화학적인 성질이 보다 중요시 되는 원료이다. 장석을 고온으로 가열하면 용융하여 매우 강인한 융체가 되며, 이것은 냉각하여도 결정화하지 않고 유리 상태로 남으므로 결합제 역할을 한다. 이러한 장석은 서로 고용체를 형성하므로, 순수한 것은 거의 없고 서로 섞여 있는 상태이다. 특징적으로 알칼리 장석과 사장석으로 나눌 수 있는데, 이 두 가지 형태에 대해서만 살펴보기로 한다.

(1) 알칼리 장석의 성상

천연적으로 산출되는 장석은 칼륨장석과 나트륨 장석을 함께 포함하고 있으므로, 일반적으로 알칼리 장석이라고 하는데, 이것들은 단일상을 이루고 있을 때와 분리상으로 섞여 있을 때가 있다.

단일상을 이루고 있을 때는 이 장석을 가열하여 용융하면 깨끗하고 투명하게 용융되고, 또 소결 온도와 용융 온도가 접근되어 있다. 그리고 나트륨 장석이 많고 고용되고 있으면 있을수록 용융온도는 낮아지고, 1400℃와 같은 높은 온도까지 가열하여도 용융상태에 변화가 없고 깨끗한 유리 상태로 남는다.

그러나 칼륨장석과 나트륨 장석이 따로 분리된 상(phase)으로 되어 있을 경우에는 칼륨장석은 용융 온도가 높고 나트륨 장석은 낮은데, 이것들이 따로따로 용융하므로 용융된 장석은 불투명하게 되고, 많은 미세한 기포 때문에 탁하게 된다. 다만, 사장석인 경우에는 사장석 중에 있는 CaO가 많을수록 용융 온도가 높아지는데, 이 분리상이 칼슘장석을 20% 정도 함유하는 사장석인 경우에는 이 사장석의 용융 온도와 칼륨장석의 용융 온도가 일치하게 된다. 그러므로 이런 때에는 단일상으로 된 장석과 같이 깨끗하게 투명한 용융 상태를 나타낸다.

이와 같이 장석은 화학 성분의 조성과 조직 상태에 따라서 용융 성상이 다르므로 반드시 사용 전에 그 용융 성상을 조사해야 한다. 칼륨장석과 나트륨장석에 대하여 그 성상을 비교하면 다음 표와 같다.

칼륨 장석과 나트륨 장석의 비교

구분	칼륨 장석	나트륨 장석
용융 온도	높다	낮다
고온 점성	높다	낮다
광택	크다	적다
물리화학적 내구력	크다	적다

알칼리장석의 대기압에서의 평형 상태는 다음 그림과 같다. 이 그림에서 가열 변화를 보면, 칼륨장석은 1200℃ 부근까지 소성하면 백색의 다포성 유리인 유백 (matt) 부분과 투명 부분으로 분리되고, 용융점이 1530℃인 백류석(leucite, $K_2O \cdot Al_2O_3 \cdot 4SiO_2$)을 석출한다.

유백 부분은 칼륨장석이고, 투명한 부분은 칼륨장석에 혼재된 나트륨 장석이며, 기포를 형성하는 가스는 대부분이 수증기로서

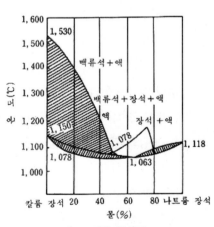

칼륨 장석과 나트륨 장석계의 평형 상태도

800~900℃에서 대부분 방출된다.

또한, 칼륨장석을 용융하고 냉각하면 부피가 약 7% 증가하고, 이를 재가열하면 930℃ 정도에서 연화하는데, K_2O가 많은 장석 유리는 40℃ 가량 높아지고, Na_2O가 많은 장석유리에서는 60℃가량 낮아진다.

그러므로 칼륨장석 중에 K_2O의 함유량이 많으면 용융 온도가 낮아지고 점도는 작아진다. 따라서 도자기의 소지에는 칼륨장석을 사용하고 유약에는 나트륨 장석을 많이 사용한다.

(2) 사장석의 성상

오른쪽의 사장석의 평형 상태도에 따르면 사장석은 나트륨 장석과 칼륨장석의 완전한 연속 고용체임을 알 수 있다. 용융 온도도 나트륨 장석의 경우는 1122℃이고 여기에 칼슘 장석이 고용되면, 고용된 칼슘 장석이 많아질수록 용융 온도는 계속적으로 높아지고 완전한 칼슘 장석이 되면, 용융 온도는 1553℃가 된다.

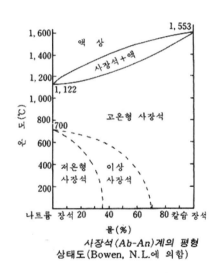

사장석(Ab-An)계의 평형
상태도(Bowen, N.L.에 의함)

3. 장석의 이용

장석류는 알칼리 또는 알칼리토류를 함유하고 있는 매우 유용한 원료이며, 용도는 그 이용 목적에 따라서 장석의 물리적 성장을 이용하는 것과, 화학 성분을 이용하는 경우가 있다.

전자는 용융 온도가 낮은 것을 이용하는 플럭스(flux)적인 용도와 용융물의 점성이 크고 결정하기 어려운 특성을 이용하는 점결제로서의 용도가 있다. 후자는 유리용 원료로서 쓸 때와 같이 전체 성분을 이용하거나 유리에 소요되는 알칼리 원료나 규산(SiO_2) 성분의 절감에 이용되기도 한다.

도자기 공업에서의 장석의 사용 목적은 비교적 낮은 온도에서 용융하여 점도가 높은 액상을 형성하는 특성을 이용하는 것으로 소지에도 쓰이고 유약에도 쓰이는데, 도자기 소지의 조성에서는 10~40% 정도 쓰이고, 유약에서는, 더 많은 양이 쓰이고 있다.

일반도자기를 제조할 때 쓰는 주원료는 점토, 규석 및 장석이다. 점토는 성형에 필요한 가소성을 주며, 건조 강도 및 초벌구이 강도를 크게 하고, 고온에서는 열변화를 일으켜 멀라이트를 생성한다. 규석은 백색도를 높이고, 골격의 역할을 하며 강도를 높인다.

아래 그림에서 나타낸 바와 같이, 장석은 용융 온도가 낮아서 1200℃

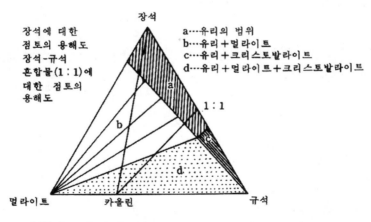

1400℃ 소성 자기 소지 중에 생성되는 구성상 관계도

에서 용융하기 시작하여 기계적 결합에 관여하고, 고온 소성 중에 점토나 규석의 용해를 돕는 플럭스 역할을 한다. 즉 장석의 용융물은 이와 접촉하는 점토를 용해하여 멀라이트 결정의 발달을 돕고, 또 생성된 유리상(glass phase)은 규석 알갱이 까지도 용해하여 소지의 구조를 보강한다.

도자기에서 대표적이라고 할 수 있는 장석질자기는 식기용, 이화학용, 화학 공업용, 전기용, 건축용 등에 널리 쓰이고 있는데, 그 용도에 따라서 성분 조성도 다르고, 소성 온도 등 제조 공정에도 차이가 있다. 그러나 표준이 될 수 있는 소지의 성분 조성은 장석 10~40%, 규석 10~40%, 카올린질 35~65% 범위이다.

또한 장석의 입자가 너무 크면 장석이 용융한 유리질이 반점 상태로 되어 산재하게 된다. 알맞은 입자가 균일하게 분포되었을 때 카올린질이나 규석의 용해와 멀라이트의 발달이 균등하게 이루어진다.

우리나라에서는 장석의 대부분이 페그마타이트(pegmatite)에서 산출되므로 규석과 운모가 섞여 있다. 품질은 나쁘지 않으나 철분의 함유량이 기준량 이상이므로 고급 도자기의 생산에는 미흡함으로 선광을 잘해야 한다. 좋은 장석은 철분(Fe_2O_3) 함유량이 0.1%이하로 되어 있다.

장석의 화학 성분 조성(%)

산지 \ 성분	SiO_2	Al_2O_3	Fe_2O_3	CaO	MgO	K_2O	Na_2O	강열감량	SK
경기 안양	69.96	17.64	0.51	0.90	0.16	1.89	10.33	1.37	7
경기 용인	60.36	24.25	0.81	0.34	0.74	6.95	6.05	1.55	6a
경기 동두천	66.41	19.95	0.39	0.36	0.77	8.36	3.88	0.57	8
경북 김천	66.38	21.99	0.46	tr.	0.70	7.50	2.55	0.22	8
경남 서상	63.66	20.90	0.44	1.24	0.81	7.08	2.06	0.47	7
전북 청천	65.41	21.84	0.50	0.28	0.20	7.78	3.02	1.02	7
충남 예산	65.48	18.03	0.57	3.02	0.73	10.92	1.41	0.38	8

제 4 절 석회질 원료

석회(lime:CaO)광물은 실리카, 알루미나, 산화철의 원료광물과 크게 다른 점은 천연으로 유리(遊離)상태(free state)의 산화물로는 존재하지 않고, 탄산염이나 규산염의 형태로 존재하며 지각을 구성하고 있는 화성암 중에 약5%함유되어 있으며 산화철 다음으로 많은 성분이다.

이들 탄산염을 가열하면 쉽게 분해되어 유리상태의 CaO가 되고, 이 산화물은 화학적으로 극히 활성이 커서 여러 가지 반응을 일으키게 할 수 있으므로 도자기 제조 원료 뿐 만 아니라 공업적인 이용도 많다. 석회를 함유하고 있는 원료로는 석회석($CaCO_3$), 백운석($CaCO_3 \cdot MgCO_3$), 소석회{$Ca(OH))$}, 형석(CaF), 규회석($CaSiO$), 인산석회($4CaOPO$) 등이 있다.

1. 석회석(石灰石, lime stone)

석회석은 탄산칼슘($CaCO_3$)을 주성분으로 하는 수성암이며, 광물학적으로 선석(aragonite), 방해석(calcite), 바테라이트(vaterite)의 세 종류가 있다.

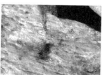

석회석   백회석   형석   규회석

방해석의 단일 광물로 된 암석을 석회암이라 하고, 변성 작용을 받아서 재결정된 석회암을 대리석(marble) 이라 한다.

순수한 석회석의 화학 성분 조성은 CaO 56%, CO_2 44%이지만 고용체로서 $MgCO_3$, $FeCO_3$, $MnCO_3$ 등을 함유하며, 불순물로서 MgO, FeO, MnO 등을 함유한다.

도자기를 제조할 때 소지에 약 3% 이하의 석회석을 첨가하면 수축 및 기계적 강도가 매우 커지고 기공률을 감소시키며 약간의 투명성을 가지게 한다. 형석을 사용하여도 이와 같은 효과를 얻을 수 있는데, 수축과 기공률 감소에 대해서는 석회석이 형석보다 더욱 효과적이고, 투명성과 강도에 대해서는 형석이 효과적이다. 또 석회석이나 형석을 약 3% 이하로 사용하면 소지가 팽윤되지 않는다. 그리고 유약에 넣으면 유약의 경도가 커지고 유백도가 감소된다.

위생도기 제조용으로 내화 점토를 첨가한 슬립에도 석회석을 넣는데, 내화점토 40%를 배합한 소지를 SK9에서 자화시키려면 약 7% 이상의 석회석을 넣거나 약15% 이상의 장석을 넣어야 한다. 또, 약 40% 이상의 내화 점토를 배합한 소지에는 약 10%의 석회석을 넣을 수 있다.

석회석의 양이 많으면 유약의 융착 온도가 높아지고 유백색이 나빠진다. 안전한 슬립의 조성 범위는 장석 20~45%, 규석 10~40%, 카올린질 3~60%, 석회석 0~10%이다.

일반 도자기에서 융제의 역할과 소지의 백색도를 높이기 위하여 극히 적은 양의 석회석이 사용되는데, 이때 석회석은 SiO_2 1.5% 이하이고 $CaCO_3$ 96% 이상의 것이어야 한다.

　장석의 함유량이 약 0.4 당량보다 적은 브리스톨유(bristol glaze)에서는 CaO/ZnO 비가 1:1 이하이어야 하며, 장석의 함유량이 많은 유약에서는 CaO/ZnO 비가 3:1이 되어야 한다. 그리고 브리스톨유에 있어서 석회는 플럭스 역할을 하며, 인산칼슘을 사용하면 유백색을 띠게 하는 경향이 매우 커진다.

2. 규회석(硅灰石, wollastonite)

　구성 성분은 규산칼슘이며, $CaO \cdot SiO_2$ 또는 $CaSiO_3$의 화학식으로 표시된다. 비중이 2.9, 경도가 4.5, 내화도는 SK 18, 용융 온도는 1540℃이고, 10% 슬립의 pH는 9.9, 열팽창계수는 6.5×10^{-6}cm/cm·℃이다.

　규회석에는 고온형(α형)과 저온형(β형)이 있는데, 고온형을 의규회석 (pseudo wollsatonite)이라하고, 좁은 의미로 보통 규회석이라 하면 저온형을 말한다. 저온형은 대부분 천연으로 산출되며, 이 두 결정 사이의 전이 온도는 1150℃ 로서 가역 변화를 한다.

　규회석은 구미 각국에서 도자기 원료로 활발하게 개발되고 있는데, 특이한 성질을 자지고 있어서, 도자기 소지에 CaO 분을 석회석으로 공급하는 것보다 월등하게 유리하다. 규회석은 반응성이 매우 커서 타일 소지의 원료로 50~80%를 배합하면 소성이 쉽고, 건조 수축이나 소성

무연 매트 유약에서 석회에 첨가성분과 발색

첨가 성분	$CaO + Cr_2O_3$	$CaO + ZnO$	$CaO + BaO$	$CaO + MgO$	$CaO + PbO$
색 상	선명한녹색	분홍~갈색	암록색	갈색계통	밝은녹색

수축이 거의 없다. 또, 소성된 소지는 수화 팽창이 적고 소성 강도가 커지며, 열충격 저항력도 커진다.

자기 소지에서는 규석의 일부를 규회석으로 대치하고, 유약은 석회석의 대치 원료로 사용하면 자기 조직의 결함을 제거하는데 매우 효과적이다. 또, 반자기에 규회석 3~6%를 사용하면 투명성을 향상시킨다. 규회석은 저손실 유전체의 원료로도 우수하며, 규회석의 이용으로 종래의 원료 배합을 개선하여 여러 가지 다공질소지, 내열자기, 위생도기, 건축용 도자기, 고알루미나자기, 화학용자기 등 모든 소결체의 품질 및 제조공정의 개선을 가져 왔다. 특히, 신속 소성(fast firing)용 소지의 원료로도 중요시되고 있다. 경상북도의 영덕, 충청남도의 청양 등에서 산출된다.

이야기-3 : 엉터리 시험문제

엉터리 시험문제

내 딸 입시 미술 문제에 ① 도자기 성형품을 말리는데, 음건이 정답인 문제. ② 도자기 제조공정에서 초벌구이가 들어가야 정답인 문제가 나왔다.

우리 집에서는 성형품을 햇빛에 말려, 그림을 그린 다음 참구이 한번으로 완성하는 것을 늘 보아 왔으니 자신 있게 찍었는데, 나와서 알고 보니 모두 틀렸다는 것이다.

제 5 절 납석질 원료

1. 납석(蠟石:agalmatolite)

지방광택을 띠면서 치밀하게 집합된 연질의 덩어리 상태의 광물로,
화학식은 $Al_2O_3 \cdot 4SiO_2 \cdot H_2O$로 표시한다. 이것은 엷은 녹색, 황색, 갈색,
회색 등 여러 가지 색깔을 띠고 있으며, 주로 엽랍석을 주성분으로 한
것을 보통 납석이라고 한다.

납석은 주광물이 엽랍석이므로 카올린질의 광물에 비하여 실리카 성
분이 많아 보통 60~70% 이며, 내화도는 낮아서 SK 31정도이다. 그러
나 다이어스포어(diaspore)질이나 강옥 (α-Al_2O_3)등 수반 광물로 인
하여 내화도 범위는 SK 29~36정도로 넓다. 이와 같이 납석은 주광
물 이외에 다이어스포어, 강옥 등이 수반되며, 또 석영, 운모, 뵈마이트
(boemite), 홍주석(andalusite), 황철광, 적철광 등과 같은 광물과 함
께 산출되는 것이 보통이다. 따라서 납석은 산지에 따라 광물 조성이 다
르고, 같은 광상에서도 조성을 달리하는 등 특성의 변동이 매우 심하다.

납석은 일반적으로 강열 감량이 적고 소성 수축도 적으며, 소결이 잘 되므로 내화 벽돌 원료로 많이 쓰이지만, 실리카분이 많고 내화도가 SK31 정도로 낮으며, 철분 함유량이 적은 것은 도자기 원료로 쓰인다.

우리나라에서는 광주 및 남해를 중심으로 하는 전남 지구, 밀양과 김해를 중심으로 하는 경남 지역, 제천과 단양을 중심으로 하는 충북 지구, 영월을 중심으로 하는 강원 지구 등 광범위하게 매장되어 있으며, 남한에 전국 매장량의 80% 가 부존되어 있다.

현재 납석의 전 수요량의 40%가 내화물용으로 공급되고 있으며, 그 밖에 타일, 고급 애자 및 여러 가지 도자기 공업에 쓰이고 있다.

우리 나라의 납석 산지와 화학 성분 조성(%)

성분 / 산지	SiO₂	Al₂O₃	Fe₂O₃	CaO	MgO	강열감량
밀　양(경남)	68.76	21.68	0.60	3.14	1.41	4.28
김　해(경남)	67.66	26.32	0.84	0.80	0.74	3.06
동　래(경남)	79.32	15.04	0.60	0.04	1.52	2.97
천불산(경남)	57.70	35.66	0.80	—	흔적	5.83
여　천(전남)	70.60	23.45	0.31	0.90	1.04	3.77
성　산(전남)	44.88	39.21	1.61	0.09	0.05	13.13
옥매산(전남)	42.50	39.87	0.67	2.24	0.70	13.99
단　양(충북)	49.04	36.43	3.19	1.36	1.09	5.90

2. 엽랍석(pyrophyllite)

납석의 주요 구성 광물이며 비중이 2.6~2.8, 경도가 1~2.5, 굴절율이 1.55~1.60 으로 약간의 신축성이 있고, 물기나 유기 용매에 의한 팽윤성이 없으며, 이온 교환능도 매우 적다.

엽랍석을 가열하면, 500~800℃에서 결정수가 탈수하여 엽랍석의 무수물이 되고, 1100℃ 부근에서 무수물은 멀라이트와 크리스토발라이트로 분해하기 시작하여, 온도가 상승함에 따라 그 양이 많아지고 결정도가 커진다. 엽락석은 가열할 때에 탈수량이 비교적 적고, 결정수가 탈수 후에도 단단한 결정 구조를 가지는 무수물이 되므로, 소성을 해도 수축이 없고 오히려 약간 팽창하여, 소결이 잘 되는 특징이 있다.

경상남도의 원동, 김해에서 산출되는 납석은 거의 순수한 엽랍석으로 되어 있고, 약간의 석영을 함유하고 있다.

납석은 종류가 많고 성질이 다양하므로, 그 특성을 잘 파악하고 제품을 만들어야 한다.

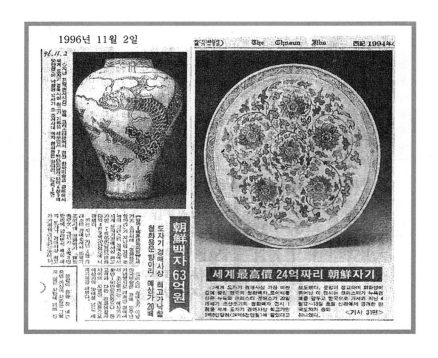

제 6 절 마그네시아질 원료

마그네시아(magnesia, MgO)는 지각의 화성암 중에 약 3.5% 함유되어 있지만, 천연적으로 산출되는 것은 거의 없고, 대부분이 탄산염 광물로 되어 염기성 화성암을 구성하며, 그 일부는 감람석, 사문석 등으로 존재하고 있다.

마그네시아의 결정은 페리클레이스(periclase)이며, 천연적으로 산출되는 것은 거의 없다. 공업원료로 쓰이는 것은 마그네사이트(magnesite), 바닷물 마그네시아, 활석, 수활석 등이다. 마그네시아는 비중이 3.65 ~3.75, 경도가 5.5~6, 용융 온도가 2784~2800℃이다. 마그네시아를 도자기 소지에 첨가하면 열팽창 계수가 작아지므로 내열자기에 사용되고 있다. 순도가 높은 마그네시아 자기는 고온에서 견딜 뿐만 아니라, 전기 절연성이 좋고 열적으로도 양도체이다.

마그네시아의 순도가 99.9%이고 기공률이 약 2%인 것은, 약1200℃까지도 전기 절연성을 유지하며, 기계적으로도 강하여 내열성 및 내충격성이 커서 활용도가 높다. 또, 여기에 약 4%의 산화바륨을 첨가하여 만든 것은 수화성이 적고 소결성이 좋은 자기가 되므로 고주파용 절연재료로 개발되고 있다.

1. 마그네사이트

마그네사이트 (magnesite, $MgCO_3$) 는 결정질이 거친 것과 치밀한 덩어리 상태의 것이 있으며, 색상은 백색, 황색, 회색, 또는 갈색이다. 비중은 3.0~3.12, 경도는 3.5~4.5 이고, 찬 염산에는 용해되지 않으나 더운 염산에는 발포하면서 용해한다.

마그네사이트는 일반적으로 탄산철, 탄산칼슘과 고용체를 이루고 육방정계에 속하는 기둥모양, 알갱이 모양 또는 흙 모양의 결정이며 불순물로는 실리카, 알루미나 등을 함유한다. 품질이 좋은 것은 마그네시아의 함유량이 약 40% 이상이다.

마그네사이트를 도자기 소지의 원료로 첨가하면 강력한 매용제로서 작용하며, 소성 온도를 낮추고 소지의 투과성을 높이는 등의 장점이 있으나, 소성 수축이 커지고 변형하기 쉬운 결점이 있다.

우리나라에서는 함경북도의 길주와 단천에 매장량이 많고 품질이 우수한 마그네시아광이 있지만, 남한에서는 산출되지 않으므로 돌로마이트와 바닷물을 이용한 바닷물 마그네시아를 활용한다.

이 광물은 대개 용도에 따라서 경소(light burn) 또는 사소(dead burn) 한 다음 사용한다.

2. 백운석(白雲石, dolomite)

칼슘과 마그네슘의 복탄산염이며, 화학식은 $CaCO_3 \cdot MgCO_3$이다. 이론상으로 $MgCO_3$ 45.73%, $CaCO_3$ 54.27%이다. 백운석의 겉모양은 석회석이나 마그네사이트와 비슷하고 석회석에 비하여 알갱이가 거칠고 마그네사이트보다는 고운 덩어리 상태다. 또한, 묽은 염산에 서서히 발

백운석의 화학 성분 조성(%)

성분\산지	SiO₂	Al₂O₃	Fe₂O₃	CaO	MgO	강열 감량
강원 영월	1.22	1.03	0.19	30.29	21.88	45.27
충북 단양	4.00	0.60	0.39	30.04	19.79	—
전북 전주	1.40	—	0.62	31.65	20.42	—
경기 영종	1.00	2.24	0.42	46.90	16.53	—
충북 괴산	4.69	0.78	—	30.20	21.40	—

포하면서 용해하는 성질을 이용하여 석회석과 간단히 구별할 수 있다.

백운석 광상은, 석회암 중에 불규칙한 맥상으로 존재하는 품질이 균일하지 못한 것과, 석회암 중에 두꺼운 광층을 이루어 석회암과의 경계가 뚜렷하며 품질이 일정한 것으로 분류한다. 즉, 백운석 광상에는 언제나 석회석이 수반되게 마련이다.

보통의 백운석은 주성분의 이론값인 MgO 21.9%, CaO 30.4%, CO_2 47.7% 보다 CaO의 함유량이 많다. 외국에서는 마그네시아 돌로마이트(magnesia dolomite) 라고 하는, MgO의 성분비율이 많은 것도 산출된다.

도자기의 원료로 사용할 수 있는 백운석은 산화철의 함유량이 0.04~0.07% 이하인 것이 바람직하다. 일반적으로, 도자기 소지나 유약의 CaO 성분은 모두 백운석으로 대체할 수 있다. 장석을 사용하는 소지에 백운석을 배합하면 장석, 규석 및 점토와의 반응이 촉진되어 SK1~12의 넓은 온도 범위에서 유리질 결합체가 생성되므로, 소성 속도를 빨리 하는데 효과가 있다. 이때, 사용하는 양은 요구되는 용화 정도와 소성 온도에 따라서 다르지만, 용화 소지나 반용화 소지에는 0.5~8%까지 첨가할 수 있다. 또, 백운석의 첨가로 장석의 양을 줄이고 규석의 양을 늘

릴 수 있는 효과도 있다. 석회질 소지에서는 석회석 대신에 백운석을 넣으면 소성 범위를 20~40% 가량 넓힐 수 있다.

백운석을 주원료로 한 백운 도기 제조에서 조합량의 보기를 들면, 이탈리아에서는 백운석이 35~45%, 점토가 35~45%, 규석이 10~15% 이고, 독일에서는 백운석이 25~28%, 점토가 25~31%, 규석이 37~45%이다. 일본에서는 백운석이 25~35%, 목절점토가 20~2%, 납석이 40~55%이며, 소성 온도 범위를 1000~1100℃로 하고 있다. 일반 도기의 소지에 백운석을 사용하면, 유약과 반응이 촉진되어 중간층이 생성되므로 균열을 억제하는 역할을 한다. 한편, 석회석 대신에 유약 원료로 쓰면 융착 온도에는 변화를 주지 않고 열팽창 계수를 크게 낮추는 경향이 있다.

우리나라에서는 강원도의 영월, 충청북도의 단양과 괴산, 전라북도의 전주 등에서 좋은 백운석이 많이 산출된다.

3. 활석(滑石, talc)

엽랍석과 같은 구조를 이루고 있는 광물로 화학식은 $3MgO \cdot 4SiO_2 \cdot H_2O$이다. 보통, 활석은 염기성 암석의 열수 변성 작용에 의하여, 또는 마그네사이트나 돌로마이트가 규산질의 열수 용액의 접촉에 의한 교대 작용으로 생성되며, 비중이 2.75이고, 경도가 1 로서 경도의 기준이 된다.

순수한 활석은 백색이고, 불순물이 섞인 것은 엷은 청색이나 짙은 녹색, 갈색 또는 검은색을 띠고 있으며, 때로는 활석을 석필석(steatite)또는 석검석(soapstone) 이라고 한다.

활석은 미세한 결정이 치밀하게 집합한 덩어리로 산출되며, 매우 연질이고 매끄러운 촉감을 가진다. 또 물이나 유기질 용액에 의한 팽윤성이 없고, 이온 교환능이 거의 없으며, 산에는 녹지 않는다. 활석 분말의 슬립은 점도가 매우 크지만 가소성이 작은 원료이며, 점도는 알칼리성 슬립에서는 크고, 산성 슬립에서는 거의 없다.

활석은 주로 도자기나 타일 등에 쓰이고, 또 고주파 절연체인 전자기의 원료로 쓰이는데, 이때 철분의 함유량이 거의 없는 양질의 것들을 사용한다. 특히, 도자기나 타일용 원료로는 석회를 함유하는 활석이 적합하고, 일반 자기에는 석회를 함유하지 않는 활석을 사용하는데, 이것은 투광성과 색깔을 좋게 하므로 플럭스로서 사용한다.

유약 원료로 사용하면, 이것을 활석유약이라 하여 광택이 좋은 것이 특징이다. 또, 벽타일의 소지에 사용하면 소성 수축이 적고 수화 팽창이 작아진다. 소지에 장석을 쓰지 않을 경우에는 활석을 약 50%, 장석을 쓸 경우에는 활석을 약 10%를 사용한다. 그런데 도자기 소지에 활석을 사용할 경우에는 보통의 장석질 소지일 때 보다 원료 처리 및 소성 공정을 더욱 세밀하게 관리해야 한다. 이것은 활석의 이용성이 광범위하게 변화하기 때문이다. 즉, 어떤 활석에 의하여 얻은 결과가 다른 활석에 의해서도 반드시 같은 결과를 얻는다고는 기대하기 어렵기 때문이다.

활석은 소지의 내열, 충격성 및 고온에서의 전기 저항성을 크게 해 주며, 유전 손실 및 역률을 낮게 해 주는 특성이 있으므로 고주파 절연체자기의 원료로 쓰인다. 예를 들면, 고주파 절연체인 스테아타이트(steatite, $MgO \cdot SiO_2$)자기는 활석을 주성분으로 하고, 여기에 점토, 탄산바륨 등을 첨가하여 성형한 다음 1250~1300℃에서 소성하여 만드는데, 값이 싸고, 기계적 강도와 절연성이 크고 유전 손실이 적다. 또, 절연자기인 포스터라이트($2MgO \cdot SiO_2$) 자기는 활석에 마그네시아를 넣어 만드는데, 이것은 유전 손실이 더욱 적은 특성을 가지고 있다.

우리나라에서는 충청북도의 충주, 중원, 제천을 비롯하여 충청남도의 공주, 결성, 경상북도의 울진 등에서 비교적 품질이 좋은 활석이 많이 산출되고 있다.

이야기-4 鄭和의 遠征 - 三上次男著- 陶磁の道에서

15세기 초 중국도자기 수출 기지 확보를 위한 유명한 중국 대해군의 인도양활동을 말한다. 정화의 중국 해군이 처음 인도양방면으로 진출한 것은 명조 3대 성조 영락3년(1405년)에서 그 후 38년 동안에 7~8회에 이르렀다.

제1회:1405~07년(2년간)에 대함62척을 주축으로 하여, 대소 다수의 함선을 이끌고 쟈바, 수마트라, 세일론 인도의 서해안 당시 대중동무역의 중심지였던 가리갓드까지이다.

제2회:1407~09년으로 249척(대함은 길이44丈,폭:18丈)에 인원이 2만7천여명 이며, 항로는1회 때와 비슷하였다. (1丈=2m40cm)

제3회:1409~11년(약2년 간)인도양중심으로 항해, 이때 세일론군과 전쟁을 하 여 아라각 고나라왕을 사로잡았다, 한다. 그후 인도의 동해안을 북상하 여 벵골만까지 나아갔다.

제4회:1413~15년으로 인도양을 거쳐 페르시아만 호르무스까지 나아갔다.

제5회:1417~1419년으로 전회와 같이 인도양 재항을 거쳐 페르샤만에 이르고, 별대는 아라비아남해안을 통과, 아프리카동해안에 이르는 대항해였다.

제6회:1421~22본대는 페르시아만까지 별대는 아프리카 동해안 제항을 누볏다. 이와 같은 대사업도 1425년 영락제가 죽음으로 끝이 나는데,

제7획:선종6년 1431~33년 으로 인도양, 페르시아만의 순항이 마지막이였다. 하나 8회로 한번 더 있었다는 사람도 있다.

제 7 절 그 밖의 원료

1. 붕사(borax)

화학식이 $Na_2O \cdot 2B_2O_3 \cdot 10H_2O$ 또는 $Na_2B_4O_7 \cdot 10H_2O$로 표시되며, 분자량은 381.43, 비중은 1.69, 경도는 2.0~2.5이다. 물에 가용성이고, 시판되고 있는 붕사의 순도는 99.5% 이상이며, 알갱이 모양이고, 불순물은 일반적으로 점토분이다.

화학식에서 나타낸 바와 같이 수분 함유량은 47.2% 나 되고, 이것이 용융할 때 없어지므로 가용 성분은 52.8% 에 불과하다. 그리고 물에 가용성이므로 정밀해야 하는 조합에서는 수분을 측정한 후에 사용하여야 한다. 또한, 결정 붕사는 용융할 때 팽창하기 때문에 많은 지장을 받을 때가 있어서, 결정 붕사를 일단 용융해서 만든 유리 붕사(fused borax)나 가열해서 탈수한 탈수 붕사(calcined borax)를 쓴다.

탈수붕사나 유리 붕사는 화학식이 $Na_2O \cdot 2B_2O_3$, 분자량은 201.27, 비중은 약 2.36 이며, 용융온도는 735℃이고 가용성이다. 결정 붕사의 열분해와 가열 변화를 식으로 나타내면 다음과 같다.

$$\text{Na}_2\text{B}_4\text{O}_7 \cdot 10\,\text{H}_2\text{O} \xrightarrow{50\,\text{℃}} \text{Na}_2\text{B}_4\text{O}_7 \cdot 5\,\text{H}_2\text{O} \xrightarrow{80\,\text{℃}} \text{Na}_2\text{B}_4\text{O}_7 \cdot 2\,\text{H}_2\text{O} \xrightarrow{200\,\text{℃}}$$
$$\text{Na}_2\text{B}_4\text{O}_7 \cdot \text{H}_2\text{O} \xrightarrow{350-400\,\text{℃}} \text{Na}_2\text{B}_4\text{O}_7\,(\text{calcined borax}) \xrightarrow{747\,\text{℃}}$$
$$\text{Na}_2\text{B}_4\text{O}_7\,(\text{fused borax, borax glass})$$

붕사는 유약의 융제(flux) 로서 널리 이용되는데, 그 역할을 보면 ① 유약의 점성을 낮추므로 점성이 너무 큰 유약에 붕사를 첨가 하면 점성을 조절할 수 있다. ② 유약의 광택을 향상시킨다. ③ 유약의 융점을 낮춘다.

일반적으로 붕사는 10%까지는 유약에 사용 할 수 있으나, 그 이상의 붕사를 사용하면, 유약이 취약해지고, 균열이 생기기 쉬우며, 밑그림 채색을 해치고 핀홀이나 기포가 생기기 쉽다. 붕사는 저융점 유약에서 PbO의 함유량을 되도록 적게 하면서 저융점인 것을 원할 때 많이 쓴다.

2. 탄산리튬(lithium carbonate, Li_2CO_3)

백색의 미세한 결정질 물질로 물에는 조금밖에 녹지 않으며, 용해도는 온도가 상승하면 감소한다.

탄산리튬을 식기류, 전기용 자기, 위생도기 등의 유약에 1%첨가하면 유약의 광택을 좋게 하고, 전기자기유에서는 기계적 강도를 높이고, 내풍화성을 증진시킨다. 그 밖에, 도자기에 산화리튬을 넣으면 비중이나 열팽창률의 감소, 유동성의 증가, 용융 온도 및 연화 온도의 저하, 용융 시간 및 소성 시간의 단축 등의 특성이 있게 된다.

3. 산화아연(zinc oxide, ZnO)

분자량이 81.4 비중이 5.6이고, 1800℃에서 승화하며, 물에는 녹지 않으나, 진한 알칼리나 산에는 용해한다. 일반적으로 금속아연의 증기에 산소 또는 공기를 작용시켜서 얻는데, 이와 같이 하여 얻은 산화아연은 입자가 매우 고와서 아연화(zinc flower) 라고도 한다.

아연화는 아연 성분으로서 도자기에 사용되는 유일한 성분으로서, 유약에서는 일반적으로 플럭스 역할을 하고 팽창성을 줄이며, 균열을 방지하고 숙성 온도 범위 (maturing range)를 넓힌다. 또 광택과 백색도를 증진시키고, 색의 선명도를 좋게 하며, 달걀 껍데기와 같이 되는 현상을 막는 역할도 한다.

아연화는 유약 원료로 쓰기 전에 약 1200℃ 내외에서 하소(calcination)하여 사용되는데, 그 이유는 유약을 소성할 때 수축으로써 크롤링(부풀음:crawling)이나 발포 경향을 일으키기 쉽기 때문이다.

브리스톨유(bristol glaze)에서는 알루미나와 함께 산화아연을 쓰면 유백과 백색도를 증가시키지만 붕규산 유약 (borosilicate glaze)에 사용했을 때에는 유백 효과가 없다.

반자기 (semiporcelain) 유약에서 산화아연은 유백 규산염을 형성하고, 용융 온도를 낮추며, 소성 중에 유약 끓음을 방지하는 효과가 있고, 또한 소성 범위를 넓히고 균열을 방지한다.

일반적으로, 강한 청색이나 녹색등의 발색을 선명하게 하는 효과가 있으며, 특히 구리에 의한 녹색을 밝고 깨끗하게 한다. 또한, 산화아연은 반도성, 압전성, 형광성, 광전도성 등 여러 가지 기능을 가지고 있어서 근래에는 신요업체 (new ceramics) 에서의 용도가 넓다. 예를 들면, 반도성을 이용한 것으로는 소결체로 되어 있는 가스센서 (gas sensor),

촉매, 배리스터(varister)가 있고, 광전도성을 이용한 것으로는 분체로 된 전자 사진용 감광제가 있고, 압전성을 이용한 것으로는 박막으로 된 표면 탄성과 필터(filter)가 있으며, 형광성을 이용한 표시판이 있다.

4. 밀타승(리사지:litharge, lead monoxide, PbO)

분자량이 223, 비중이 9.3~9.5, 용융점이 888℃이며, 황색 산화납(yellowlitharge)라고도 하는 산화구리가 약간 함유되어 있는 황색 분말이다. 리사지는 물에는 녹지 않지만 알칼리에는 용해하며, 일부의 산이나 염화물 용액에도 용해한다. 또한 황색인 능형(orthorhombic form)의 것과 적색인 사각형 (tetragonal form) 의 것이 있는데, 일반적으로는 황색 산화납이다.

납은 환원성이 매우 강한 성질이 있으므로, 리사지는 소성 시 산화분위기가 아니면 금속납으로 환원되기 쉽다.

리사지는 유약 원료로 사용할 때 다음과 같은 이점이 있다.

① 용융 온도가 낮고, 점성이 적고, 광택과 평활성이 매우 좋다.

② 일반적으로 내수성이 좋고, 박리현상에 대하여 높은 저항성을 가진다.

③ 유동성이 커지고, 굴절률이나 강성이 커진다.

5. 연단(minium, red lead, Pb_3O_4)

분자량이 686, 비중이 9.0~9.2인 적색 분말로서, 500~530℃에서 분해하여 리사지가 된다. 연단은 리사지를 545℃ 이하의 온도에서 공기 기류 중에서 가열하여 얻는데, 이 반응은 완전하게 진행되기가 어려워서 일반적으로 시판되는 연단은 Pb_3O_4가 75%, PbO가 25% 정도로 되어 있다. 이와 같이, 순수한 연단을 얻기 어려우므로 PbO가 상당히 포함되어 오렌지색 정도로 되어 있는 것을 광명단이라고도 한다.

연단은 규산염 매용물로 중요시되는데, 이것은 리사지에 비하여 산소량이 많으므로 용융할 때에 금속납으로 환원되는 것을 방지하기 때문이다.

6. 연백(white lead, $2PbCO_3 \cdot Pb(OH)_2$)

염기성 탄산납으로 분자량은 776, 비중이 6.7인 백색 분말이다. 연백은 산화납을 식초산에 용해한 다음 이산화탄소를 작용시켜서 제조하며, 이것은 물에는 녹지 않으나, 탄산수에는 약간 녹고, 산에는 잘 녹으며, 가열하면 400℃에서 분해한다.

연백은 유약의 원료로서 타일이나 도자기 제조에서 가장 많이 사용되고 있다. 그 까닭은 순도가 높고 알갱이의 크기가 미세하여 물속에서의 분산성이 우수하므로 다른 성분의 원료와 혼합이 잘되며, 용융이 빠르고, 균일한 프릿과 균일한 생유약을 얻기가 쉽기 때문이다.

그러나 연백은 금속납이나 산화철 등의 불순물이 함유되어 있을 때에는 400℃ 정도로 가열하면 분해되어 이산화탄소가 방출되고, 이 가스는 교반 작용을 일으키게 되고, 동시에 소지를 다공성으로 만들어 가마 내의 가스 중의 산소와 잘 반응하여, 이로 인하여 핀홀(pinhole)이나 발포를 일으키게 된다. 그러므로 유약이 소지와 응착하기 전에 완전히 빠져나갈 수 있는 소성 방법을 강구하여야한다.

7. 알루미나(alumina, Al_2O_3)

지각의 화성암 중에 15%나 차지하고 있으며, 대부분이 장석, 운모를 비롯한 규산염 상태로 산출되고, 유리 상태로 되어 있는 알루미나 광물은 매우 드물다.

순수한 알루미나 광물은 양적으로는 매우 적지만 강옥 (corundum, $α-Al_2O_3$) 으로 산출된다. 강옥은 무색투명하고 순수한 알루미나의 결정으로 삼방정계 능면체에 속하고, 정벽은 판상 또는 주상이다. 그러나 대개 작은 결정 입자로 산출되는데, 경도가 9나 되어 금속 원소를 고용(solid solution)함으로써 루비(ruby, 홍옥)와 사파이어(sapphire 청옥)가 된다. 루비는 홍색으로 발색한 강옥으로 미량의 크롬을 고용하고 있으며, 사파이어는 청색으로 발색한 강옥으로 미량의 코발트를 고용하고 있다.

공업적으로 이용되는 알루미나 원료로는 천연산의 알루미나 수화물인 다이어스포어 (diaspore, $Al_2O_3·H_2O$), 보크사이트(bauxite), 깁사이트(gibbsite)등이 있으며, 이들을 가열하면 탈수되어 저급수화물과 무수물을 거쳐 $α-AL_2O_3$가 된다. 공업용 알루미나는 비중이 약 3.9인 백색 분말이며, 용융점은 2050℃ 이나 소결은 이보다 낮은 1700~1800℃에서 한다.

순수한 알루미나는 고온에서의 전기 절연성을 이용하여 점화전애자, 고온 절연체인 알루미나 자기 등의 특수 도자기의 재료로 이용된다.

우리나라에는 순수 알루미나 광물인 강옥이나 함수 알루미나 광물인 보크사이트, 다이어스포어, 깁사이트 등의 광상이 없으며 약간 산출될지라도 불순물이 많아 이용 가치가 거의 없다, 그러므로 우리나라에서는 천연 알루미나 원료로 순도는 낮지만 주로 고령토로써 대체하고 있다.

알루미나는 도자기 소지에 쓸 때, 소지에 내화성, 내화학성, 기계적, 전기적 특성 등을 부여하며, 소성 범위를 넓게 하는 작용을 한다. 알루미나의 함량이 많은 고령토를 고온에서 소성하면 멀라이트의 결정이 생기는데, 고령토는 요업체의 내화성을 높이는 중요한 광물이다. 멀라이트보다 알루미나의 함유량을 더욱 늘리면 강옥이 생긴다. 고알루미나 소지는 내화성이 크고, 어느 온도에서나 화학 작용에 대한 저항성이 강하고, 기계적 강도가 크며, 마멸에 대한 저항성이 강하고, 경도가 높고, 열충격에 대한 저항성이 매우 우수하다.

유약에서의 알루미나는 주로 장석의 형태로 공급하며, 함유량이 0.1 당량 이상일 때 알루미나의 증가량은 변형 온도나 숙성 온도를 높여 준다. 알루미나를 유약 성분으로 이용할 때, 가장 알맞은 Al_2O_3/SiO_2비는 1:6~1:10 으로 하고 있으며, 매트유는 1:2~1:9의 범위로 하고 있다. 유약에서 알루미나의 중요한 역할은 유약의 실투를 방지하고 점성을 크게 하는 것이다. SK 7번에서 소성하는 자기 유약에서의 알루미나는 산화아연과 같이 균열을 감소시키며, 일반적으로 알루미나의 증가는 내화도를 높이고 유백도를 크게 한다. 알루미나 성분이 도자기의 유약에 미치는 영향은 다음과 같다.

① 용융점을 상승시킨다.

② 열팽창 계수를 저하시킨다.

③ 유약의 경도 및 화학적 내구력을 증진시킨다.

④ 인장 강도를 증진시킨다.

⑤ 유약의 광택을 좋게 한다.

8. 골회(骨灰, bone ash)

인산칼슘과 탄산칼슘으로 된 백색 또는 황색을 띤 가루이다. 자기 원료로 사용하는 골회는 흔히 소의 뼈를 구워서 만든 것으로 주요 조성은 $3Ca_3(PO_4) \cdot 2CaCO_3 \cdot H_2O$이다. 골회 자기의 주원료이며, 골회 자기는 1794년 영국의 조지아스포드(Josiah Spode)가 처음으로 제조에 성공한 것이다. 이것은 처음으로 동양에서 수입한 중국의 도자기를 모방하여, 소의 뼈를 사용하여 소지의 순백색과 반투명성의 특색을 살린 것이다.

영국의 골회 자기의 보기를 들면, 자토 20~30%, 골회27~46%, 코니시스톤 (cornish stone) 20~32% 이다. 골회자기가 순백성을 지니는 것은 인산을 함유하고 있는 유리가 불순물인 철분 때문에 발색되지 않는 것과 같은 이유이다. 그러나 소성 중 산화 조건에서 처음에는 청색으로 나타나고 다시 갈색 반점이 나타나는 현상이 있으므로 소성이 어렵다.

9. 지르콘과 지르코니아

지르콘 (zircon)은 지각의 화성암 중에 널리 분포되어 있는 광물로 화학식은 $ZrO_2 \cdot SiO_2$ 또는 $ZrSiO_4$로 표시되며, 비중은 4.2~4.7정도로 매우 작은 결정 또는 지르콘사로 되어 해안 지방이나 하천에 농축, 퇴적되어 있다. 우리나라에서는 천안 지방의 강 모래 중에서 얻는데, 비중이 크므로 하천사를 일어 중사로서 채광된다. 지르콘사는 100~200메시 (mesh)것이 많은데, 이것을 하소한 후 볼밀에서 곱게 분쇄하여 유탁제로 쓴다. 또한 지르콘은 단미로 하거나 다른 원료와 배합하여 내화물,

유백제, 유약, 전자기용 요업체, 내마멸성 볼 등에도 사용된다.

지르코니아 (zirconia, ZrO_2)는 분자량이 23.22, 비중이 5.7,용융점이 2700℃이며, 열전도율이 매우 낮고, 묽은 산에는 녹지 않으나 풀루오르화수소(HF)나 따뜻한 농황산에는 녹는다.

천연산 지르코니아는 매우 희귀하므로, 지르콘을 용융하여 지르코니아를 얻는다. 지르코니아는 약 1000℃에서 정방형으로 전이하며, 이때 수축 또는 팽창하므로 CaO, MgO, Y_2O_3등을 첨가하여 안정화하고 있다. 이와 같이 안정화된 지르코니아를 안정화 지르코니아라고 한다.

안정화 지르코니아는 가열이나 냉각할 때 전이가 없으므로 용적변화가 적어서 주로 내화물로 쓰이고, 또 고온에서는 전기 전도체가 되므로 2000℃ 이상의 전기로의 발열체로 사용된다. 이 밖에 지르코니아는 유백제, 연마재로 쓰이고 또한 요업용 재료의 주요 성분이 되며, $SrZrO_3$, $PbZrO_3$, $BaZrO_3$, $MgZrO_3$, $PbO-ZrO_2-TiO$와 같은 전자 요업체(electro ceramics)의 주요성분으로 널리 이용되고 있다.

10. 착색 산화물

(1)산화코발트(cobalt oxide, CoO)

분자량이 4.97, 비중이 5.7~6.7이고, 물에는 녹지 않으나 산이나 알칼리에 용해하는 회색 분말로서, 청색 안료를 만들 때 사용된다. 코발트색은 발색이 강하고 매우 안정된 색이어서 널리 활용되고 있다. 특수한 색으로는 청자색과 핑크색이 있다.

(2) 산화구리(copper oxide,CuO)

분자량이 79.6, 비중이 6.3이고, 물에 용해되는 흑갈색 분말로서,

1,233℃에서 분해하지 않고 용융한다.

녹색의 윗그림 및 밑그림 유약의 안료로 쓰인다. 윗그림 안료로서 발색은 유약의 조성에 따라 변화한다. 알칼리 유약에서는 터키 청색의 색조이고, 납이 들어간 유약에서는 회록색 및 황록색의 색조를 띤다.

(3) 산화망간(manganese dioxide, MnO_2)

분자량이 86.93, 비중이 5.03, 용융점은 535℃이고, 검은 구릿빛 침상의 결정 또는 무정형 분말로 도자기의 저화도 유약에서 자색유로 쓰인다. 즉, 산화망간은 알카리 유약에서는 멋진 자색이 된다. 또, 유약 성분의 알칼리가 많을수록 이 자색은 붉은색을 띠고 강해진다.

납이 많은 유약에서는 망간을 약4% 첨가해서 갈색유를 만든다. 매트유에서는 망간 화합물은 여러 가지 발색을 하며, 밝은 황회색~암갈색 사이의 색조를 띤다. 산화망간이 과포화 상태로 되면 금속이 석출되어 나중에는 완전히 금속 같은 광택의 겉면이 된다.

(4) 산화크롬(dichromium trioxide, Cr_2O_3)

분자량이 152, 비중이 5.21이고 물이나 알코올에 용해하지 않는 암록색의 비정질 분말로서, 고급 녹색 안료의 원료로 많이 쓰인다.

저화도의 알칼리 유약에서는 황색을 나타내고 납 유약에서는 적색을 얻을 수 있다. 또, 특수한 색으로는 크롬주석 핑크가 있는데, 적은 양의 크롬으로 핑크 또는 진한 자색을 띤 적색을 나타내므로 붉은 계통의 채료로 널리 쓰인다.

산화크롬은 용융점이 1990℃로 내화성이여서 알루미나와 같은 역할을 하므로 유약은 잘 녹지 않는다. 그러므로 산화크롬을 가해서 유약의 용융 온도를 변하지 않도록 하기 위해서는 그 만큼 Al_2O_3을 적게 넣어야 한다.

(5) 산화니켈(nickel oxide, NiO)

분자량이 74.7이고, 비중이 6.6~6.8이며, 물에 녹지 않는 회록색의 분말로서 회색 유약을 만들 때 쓰인다. 산화니켈은 납 유약에서는 일반적으로 밀짚색에서 보라색 사이의 갈색을 띤 색조로 나타난다.

(6) 이산화우라늄(uranium dioxide, UO_2)

분자량이 238.5이고 흑갈색 분말로서 우라늄 흑이라고도 한다. 우라늄은 납이 많이 함유된 유약에서는 1040℃ 이하에서 적색이 되고, 붕소를 함유한 유약에서는 황색의 색조를 나타낸다. 우라늄유를 1050℃ 이상에서 소성하면 적색은 황색이 되고, 나중에는 흑색으로 변한다.

(7) 산화철(ferric oxide, 산화제이철, Fe_2O_3)

분자량이 160.0이고 비중이 5.1~5.2인 적색 분말로서 1370℃에서 소결하고, 1500~1600℃에서 용융한다. 산화철이 유리나 투명유에 약간 함유되어 있을 때는 보통 황색을 띠나, 산화염 소성에서 산화철은 유약을 황색에서 갈적색으로 되게 하고, 강한 환원염 소성에서는 청색이 된다. 그 대표적인 예 가 청자이다. 산화철의 함유량이 많아지면 적갈색이 된다.

11. 유백제

유백제(opacifier)는 도자기 유약뿐만 아니라, 유리, 법랑 등에 유백색을 주기 위하여 쓰는 원료를 말한다. 이러한 유백은 빛의 반사와 굴절

현상에 의해서 일어난다. 광선이 유리질의 표면에 투사되면 광선의 회절 현상에 의하여 여러 방향으로 분산되며, 유리질의 투명도를 파괴한다. 광선은 유리질의 표면에서 반사하여 분산될 뿐만 아니라, 유리 속에 분산되어 있는 입자에 의해서도 분산된다. 그리고 유백을 얻기 위해서는 분산된 입자의 굴절률이 유리질의 굴절률과 달라야 되며, 양자의 굴절률의 차가 클수록 유백의 효과가 커진다.

도자기 공업에서는 지르콘, 산화티탄, 형석, 산화지르코늄 등이 쓰이나, 지르콘이 가장 널리 쓰이고 있다.

12. 광화제

광화제(mineralizer)는 어느 광물의 생성을 돕는 작용을 하는 원료이다. 광화제는 플럭스로서, 어느 광물의 생성 온도를 낮추기만 하는 것이 아니라, 어느 일정한 광물을 우선적으로 생성시킬 경우도 있다. 특히, 채료에서는 목적하는 광물을 촉진 할 뿐만 아니라, 정색 보조제의 역할도 한다. 이러한 성분으로서는 주로 고온에서 휘발하여 가스화 되는 F, Cl, B, Co, H_2O 등이 있는데, F, Cl ,B는 플루오르화물, 염화물, 붕화물로서 사용되고 있다.

13. 해교제

해교제(deflocculant)는 점토를 물에 넣어 잘 저었을 때 엉긴 슬립덩어리를 풀어, 점도를 낮추어 주기 위하여 첨가하는 성분을 말한다. 점토류에는 $Na+$,$Li+$ 등의 1 가 양이온의 화합물이 해교제로 사용한다.

이 해교제는 물속의 점토 알갱이 주위를 둘러싸서 알갱이 사이의 반발력을 증가시켜 주므로, 알갱이들이 서로 엉키거나 침전하지 못하고, 떠 있는 상태로 분산되어 오래 유지된다. 이 때문에 적은 양의 물을 혼합하여 만든 슬립도 점도가 낮아서 쉽게 배장 할 수 있다.

해교제의 사용량은 해교하려는 원료에 따라 다르다. 사용량이 가장 알맞은 범위에서 벗어날 경우, 주입 성형에서는 성형물이 석고틀에 부

무기 해교제

명 칭	화 학 식	분 자 량	비 중
수 산 화 나 트 륨	NaOH	40.01	
규 산 나 트 륨	$Na_2O \cdot 1.6\ SiO_2$ $\sim Na_2O \cdot 4\ SiO_2$ $Na_2O \cdot 3.3\ SiO_2$	158.09 $\sim$302.23 260.19	
무 수 탄 산 나 트 륨	Na_2CO_3	106.00	2.5
탄 산 나 트 륨	$Na_2CO_3 \cdot 10\ H_2O$	286.17	1.4
피 로 인 산 나 트 륨	$Na_2P_2O_7$	266.03	2.5
알 루 민 산 나 트 륨	$Na_2O \cdot Al_2O_3$	163.94	
옥 살 산 나 트 륨	$Na_2C_2O_4$	134.01	2.34
옥 살 산 암 모 늄	$(NH_4)_2 \cdot C_2O_4 \cdot H_2O$	142.12	1.5
수 산 화 리 튬	LiOH	23.95	1.4
탄 산 리 튬	Li_2CO_3	73.89	
알 루 민 산 리 튬	$LiAlO_2$	65.91	
시 트 르 산 리 튬	$Li_3C_5H_5O_7 \cdot 4\ H_2O$	281.99	

유기 해교제

종 류	원 명	화 학 식
에 틸 아 민	ethylamine	$C_2H_5NH_2$
디 에 틸 아 민	diethylamine	$(C_2H_5)_2NH$
트 리 에 틸 아 민	triethylamine	$(C_2H_5)_3N$
모 노 노 르 말 프 로 필 아 민	momo-*n*-propylamine	$C_3H_7NH_2$
디 노 르 말 프 로 필 아 민	di-*n*-propylamine	$(C_3H_7)_2NH$
모 노 이 소 부 틸 아 민	mono-*iso*-butylamine	$C_4H_9NH_2$
모 노 노 르 말 부 틸 아 민	mono-*n*-butylamine	〃
피 리 딘	pyridine	C_5H_5N
모 노 아 밀 아 민	monoamylamine	$C_5H_{11}NH_2$

착하거나 균열이 생기며, 소성을 하면 기물에 핀홀(pinhole)현상 등이 나타난다. 무기 해교제의 경우에는 규산나트륨은 0.3~0.8%를 사용하는 것이 보통이나, 위생도기에서는 1.5%까지도 사용한다.

무기 해교제는 슬립 속의 불순물과 성질의 변화를 일으켜 제품에 남게 되지만, 유기 해교제는 슬립을 해교시켜 점도를 낮추어 주고 제품에는 남지 않으므로 고순도를 요구하는 특수 도자기에는 유기 해교제를 사용해야 한다.

14. 응교제

응교제(flocculant)는 점토 슬립의 점도를 높게 하거나 원료 알갱이끼리 엉키게 하여 침전 속도를 촉진시킬 목적으로 첨가하여 주는 물질을 말한다. 일반적으로, Ca_2+ ,Mg_2+ , Al_3+ 등과 같이 2가 또는 3가 양이온을 가지는 물질이 흔히 쓰이는데, 슬립의 주입이 끝난 후 정지된 상태에서 응교제를 사용함으로써 응교 속도가 빠르게 되어 탈형을 빨리 할 수 있다. 도자기 공업에서 많이 쓰이는 것은 황산마그네슘($MgSO_4·7H_2O$)과 염화칼슘 ($CaCl_2$) 이고, 점토를 수비할 때에는 황산, 황산알루미늄, 염화마그네슘 등이 많이 쓰이고 있다.

응 교 제

종 류	화 학 식	분 자 량	비 중
황산마그네슘	$MgSO_4·7 H_2O$	246.49	1.6~1.7
염 화 칼 슘	$CaCl_2$	110.99	2.5
황 산	H_2SO_4	98.08	1.8
황산알루미늄	$Al_2(SO_4)_3$	342.15	2.7
염화마그네슘	$MgCl_2·6 H_2O$	203.33	2.32

15. 석고 (gypsum, $CaSO_4 \cdot 2H_2O$)

무색 또는 백색의 명주 광택을 가진 결정으로, 천연 석고와 화학 석고로 분류된다. 우리나라에서는 천연 석고가 없으므로 대부분 각 화학 공업에서 부산물로 나오는 화학 석고나 합성 석고가 유일한 석고의 공급원이다. 화학 석고는 시멘트의 지연제와 석고 제품 및 건축용 플라스터등에 많이 쓰이며, 또 얻어지는 방법에 따라 이수석고 (gypsum, $CaSO_4 \cdot 2H_2O$), 무수석고 (anhydrous gypsum, $CaSO_4$), 소석고(plaster of Paris : $CaSO_4 \cdot H_2O$) 등으로 된다.

이수 석고는 결정 석고(crystalline gypsum)라고도 하며, 비중이 2.3, 경도가 2이고, 무수물은 투명하지만 때로는 회색을 띤 백색 또는 황색이며, 시멘트의 응결 조절제, 황 및 황산의 공급 원료, 종이와 고무의 충전제 등으로 사용된다. 무수 석고는 응결 시간이 매우 느리므로 도장용 플라스터, 인조석, 분필용으로 사용된다. 소석고는 도자기 주입용 형틀 재료로서 많이 사용한다.

소석고는 이수 석고를 분해하여 습식이나 건식으로 하소하여 결정수의 일부를 탈수시킨 저 수화 석고인데, 주로 반수 석고로 되어있다. 소석고를 물과 혼합하여 방치하면 발열과 함께 응결하고, 경화하여 이수석고가 된다. 응결할 때에는 수축되고 경화될 때는 약간 팽창한다. 일반적으로, 팽창이 수축보다는 크게 나타난다. 또, 응결 시간은 혼합한 물의 양이 많을수록 길어지고, 알갱이가 미세하고 교반 시간이 길며 교반성이 클수록 수화 반응과 응결 속도가 빨라진다.

16. 석고 분리액

석고틀끼리 붙지 않도록 바르는 이형제로는 석유에 스테아린을 녹인 것, 벤젠에 당밀을 녹인 것, 셀락, 규산나트륨 등이 있다. 도자기 공업에서 석고틀 제작에는 칼륨비누가 많아 쓰이고 있다. 이밖에 직접 분리액을 제조하여 쓰는 경우를 보면 수산화나트륨 500g에 물 280g을 첨가하고 여기에 피마자기름 2l를 첨가해서 잘 저어주면 분리액 비누덩어리가 된다. 여기에 적당량의 물을 가하여 가열하면 석고 분리액이 된다.

이야기-5 조꾸바꾸와 개석

1962년경 일본 동양도기 자매결연회사에서 사장이 방문하였을 때 연설을 하는데 한국이 일본의 도자기 선생이었는데, 지금은 일본이 앞섰다는 이야기를 하였다,

이 말은 임진란 때 납치해간 많은 우리나라 도공들 중 아리다(有田)야끼의 백자의 창시 이삼평(李参平)의 이이야기일 것이다.

일본고서에 조꾸바꾸란 용어가 나오는데 아무도 아는 사람이 없었는데 우리나라 도자기하는 사람도 어찌 알겠느냐, 알고 보니 수비할 때 쓰는 쪽박이라는 것이다. 광복이 되니 기술용어들은 모두 일본용어이다.

졸업생이 현장에서 개석이라 하기에 "규석이라 가르쳤는데 왜 개석이라 하느냐"고 물으니 모든 사람들이 개석이라 하는데 혼자 규석이라 할 수 없었다는 것이다.

제 4 장

도자기의 제조

우리나라의 도자기제조 기술은 유사이전부터 터전이 되어,삼국시대를 거치면서 고려 및 조선시대에는 극치를 이루었으며, 일본 등에 그 제조기술을 전해주었음은역사적인 사실이다. 그러나 조선시대 중엽이후에는 쇠퇴하여 당시의 뛰어난 기술이 전래되지 못 하였으나 최근에는 도자기 제조 기술이 급속히 발전하여, 종래의 식기류 등의 생활용품, 건축재료, 이화학용, 전기용 자기 뿐 만 아니라, 원자로의 재료, 자동차 부품재료, 전자 공업의 부품소재 등의 첨단공업에 쓰이는 소지나 제품이 개발되고, 이에 따라 분야별로 새로운 시설이나 제조방법이 도입된 것이 적지않다. 또, 생산비의 절약, 노동력 부족에 대비한 공정의 합리화 및공장 자동화 등도 최근 현저하게 나타나고 있다. 이 단원에서는 도자기의 종류가 많지만, 일반적인 도자기의 제조 공정에 따라 그 내용을 알아 보기로 한다.

제 1 절 도자기의 제조공정

식기류 장식용 제품등 대부분의 제품에는 연료비나 공정에 드는 경비 절감 등으로 현장에서는 초벌구이를 거의 하지 않는다, 초벌구이 하는 경우는 점토를 많이 사용한 소지로 만든 제품일 때 수축이 많으므로 소 성시 변형 또는 파열하는 경우가 많고 기공율이 적어 시유가 잘되지 않 는 등 결함이 생기므로 소규모 도예에서 많이 쓰이고 있으나 대물인 위 생도기도 옛날에는 초벌구이 하였으나 지금은 하지 않으며 대물인 옹기 도 초벌구이를 하지 않는다.

〈도자기의 제조공정〉

자기	제토 → 성형 →	(초벌구이) 800℃정도	→	참구이(본소) 本 燒 1300℃정도	→	(윗그림구이) 850℃정도	→ 제품
도기	제토 → 성형 →	굳힘구이 (締燒) 1150℃ ~1250℃	→	유약구이 (釉燒) 1050℃ ~1150℃	→	(윗그림구이) 850℃정도	→ 제품

※ (회색)은 할 수도 안 할 수도 있음

〈도자기 제조 공정〉

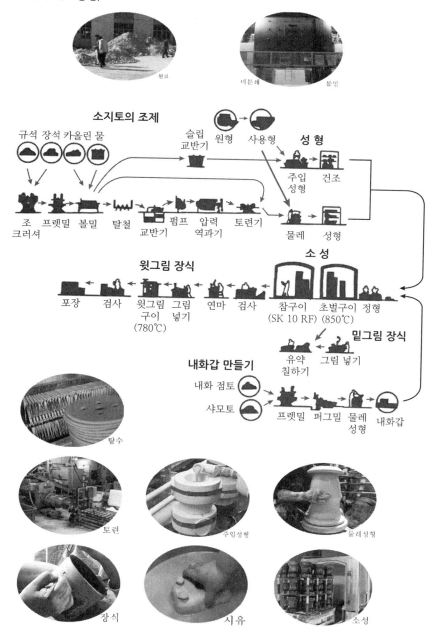

소지토의 조제

규석 장석 카올린 물

슬립
교반기

원형 사용형

성 형

주입
성형

건조

조
크러셔

프렛밀 볼밀 탈철

교반기

펌프 압력
역과기

토련기

물레 성형

윗그림 장식

포장 검사

윗그림 그림
구이 넣기
(780℃)

연마 검사

소 성

참구이
(SK 10 RF)

초벌구이
(850℃)

정형

밑그림 장식

유약
칠하기

그림 넣기

내화갑 만들기

내화 점토

샤모토

프렛밀 퍼그밀 물레
성형

내화갑

탈수

토련

주입성형

물레성형

장식

시유

소성

1. 식기류의 제조공정도

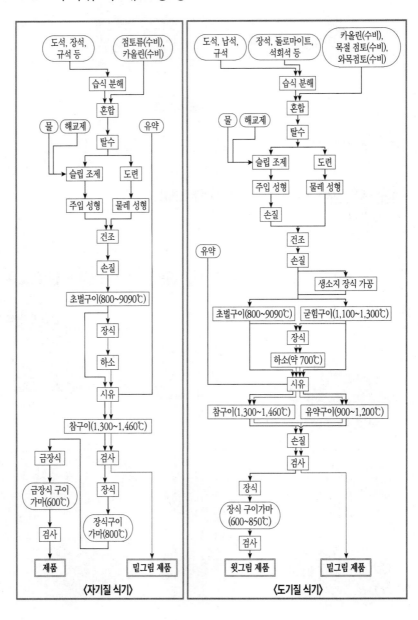

〈자기질 식기〉

도석, 장석, 규석 등 / 점토류(수비), 카올린(수비) → 습식 분해 → 혼합

물, 해교제 / 유약

탈수 → 슬립 조제 / 도련 → 주입 성형 / 물레 성형 → 건조 → 손질 → 초벌구이(800~9090℃) → 장식 → 하소 → 시유 → 참구이(1,300~1,460℃) → 검사

금장식 → 금장식 구이 가마(600℃) → 검사 → 제품

장식 → 장식구이 가마(800℃) → 밑그림 제품

〈도기질 식기〉

도석, 납석, 규석 / 장석, 돌로마이트, 석회석 등 / 카올린(수비), 목절 점토(수비), 와목점토(수비) → 습식 분해 → 혼합

물, 해교제

탈수 → 슬립 조제 / 도련 → 주입 성형 / 물레 성형 → 손질 → 건조 → 손질 → 생소지 장식 가공

유약

초벌구이(800~9090℃) / 굳힘구이(1,100~1,300℃) → 장식 → 하소(약 700℃) → 시유 → 참구이(1,300~1,460℃) / 유약구이(900~1,200℃) → 손질 → 검사

장식 → 장식 구이가마(600~850℃) → 검사 → 윗그림 제품 / 밑그림 제품

2. 전기, 전자용 재료와 타일의 제조공정도

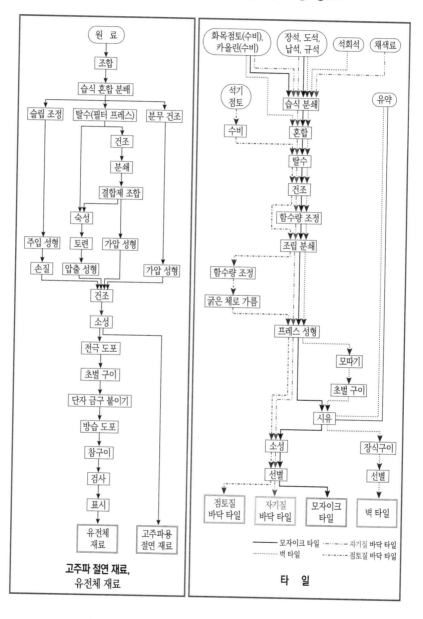

**고주파 절연 재료,
유전체 재료**

타 일

제 2 절 원료의 정제(精製)

도자기원료는 비철금속의 천연 광물이므로 대부분이 노천굴이며, 소수 갱도굴인 경우도 있다. 옛날에는 괭이나, 삽, 망치 등을 사용하여 인력으로 채광하였으나, 지금은 흙류는 포클레인으로 파거나, 고압수류를 이용하여 채취하고, 암석류는 착암기나 다이너마이트로 폭파를 하여 채굴하고 있다. 원료 자원의 조건으로는, 첫째, 풍부하고 채광 또는 운반이 편리하여야 하고, 둘째, 품질의 변동이 없어야 하고, 셋째, 불순물이 허용 한도 이하로 적은 것, 넷째는 이용하는 성분이 경제적, 기술적으로 가능한 한도 이상으로 함유되어 있는 것 등이다.

그러나 실제로는 이와 같은 조건이 만족한 원료는 매우 적다. 그러므로 원광석 중의 불순물이나 필요 없는 부분을 제거하거나, 필요한 부분만을 농집하기 위하여 원료의 정제가 필요하다.

일반적으로, 도자기의 제조 공정에 들어가기 전에 원료의 품질을 목적에 맞는 상태로 높이거나, 제조 또는 사용상의 안정화를 위하여 특별한 열처리를 하는 원료도 있다.

1. 수세(水洗)

수세는 덩어리 상태인 원료 광물의 표면에 부착된 흙이나 불순물을 물로 씻어 내는 작업이다. 물탱크를 설치하여 회전체를 사용하면 연속적으로 작업할 수 있다.

도자기 원료로 사용하는 암석의 표면에 수산화철이 침적, 침투하여 있는 수가 있는데, 이 때 표층은 긁어내고 브러시로 닦아 낸 다음 수세하여야 한다.

2. 수비(水飛)

원료를 물속에 분산시켜 모래 등의 불순물을 침전시켜 목적에 적합한 알갱이를 얻는 방법이다. 이와 같이 알갱이 크기로 분리하는 것을 입도분리라고 하는데, 입도분리에는 체가름(篩分離). 물가림(水飛). 풍비(風飛)의 세가지방법이 있다. 일반적으로 도자기 공업에서는 수비법을 쓰지만, 분체공업에서는 풍비법을 쓰는 경우도 보았다. 도예에서는 수비통을 사용하는 경우도 있으나 공장에서는 성형 파제품에 들어있는 불순물을 제거하기 위하여 수비탱크를 사용하는 경우도 있으며, 분체공업에서는 슬립을 도랑에 흘려보내면서 수류를

수비 물통

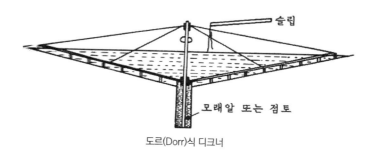

도르(Dorr)식 디크너

조절하여 입도분리 하는 경우도 있는데 도랑의 길이가 50m이상일 때도 있다. 또 도르식 디크너를 사용하는 수도 있는데, 이 기계는 크기에 따라 원뿔형의 분류기에 슬립의 모래나 돌 등이 가라앉게 되면 스크레이퍼(scraper)가 천천히 움직여 이들을 중앙의 구멍으로 밀어 보낸다. 한편, 깨끗한 슬립은 가장자리를 지나 더 큰 분류기로 옮겨져 탈수하는 방법도 쓰이고 있다.

3. 선광(選鑛)

금속 광물의 물리적 성질의 차이를 이용하여 필요한 광물을 분리, 농집하는 조작이다. 이것은 천연 원료 중에서 비금속 광물을 주원료로 하는 도자기나 내화물의 원료에서 많이 이용되고 있다.

(1) 자력선광(磁力選鑛)

자력 선광(magnetic separation)은 자장 내에서 광물 입자가 자화하는 정도의 차이를 이용하여 그들을 분리하는 방법으로, 주로 원료 중에 철분 같은 광물을 제거한다.

자력 선광기의 형식은 원료의 입도, 습식과 건식, 투자율의 대소에 따라서 여러 가지 종류가 있다.

슬립 중의 철분 물질을 제거하기 위해서는 슬립 안에 전자석을 넣거나, 탈철기(ferro filter)를 쓰는데, 이것은 여러 개의 격자 모양의 날개를 자화시킨 것으로 좁은 틈에 강력한 자장을 만들어 감자물을 제거하는 장치이다.

출구
코일 격자
입구
페로 필터

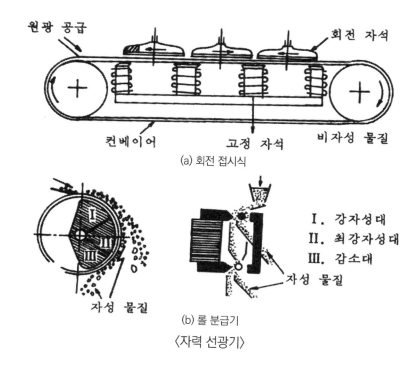

원광 공급

회전 자석

컨베이어 고정 자석 비자성 물질

(a) 회전 접시식

자성 물질

Ⅰ. 강자성대
Ⅱ. 최강자성대
Ⅲ. 감소대

자성 물질

(b) 롤 분급기

〈자력 선광기〉

(2) 부유선광(浮遊選鑛)

부유 선광(flotation)은 비교적 고운 입자로 된 광물을 특수 약품과 기포에 의하여 부유시켜 포집하는 방법이다. 광물 분말이 물속에 현탁된 광액에 공기를 불어넣으면, 광물-물-공기의 3상 사이에 작용하는 표면 장력으로 물에 젖기 어려운 입자는 기포에 부착하여 표면

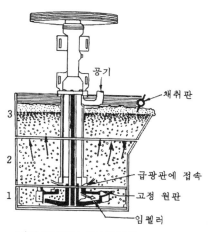

공기

채취판

급광관에 접속

고정 원판

임펠러

기계 교반형 부유선광기(파렌발트형)

에 떠오른다. 이와 반대로 물에 젖기 쉬운 광물은 물속에 가라앉아 양자
를 분리하게 한다.

첨 가 제

종 류	발 포 제	포 집 제	억 제 제	활 성 제
물 질 명	아밀알코올 파 인 유 크 레 졸	아미노 화합물 석유 술폰산염 페 놀 크산트겐산염	석 회 소 다 회	황 산 황산구리

(3) 정전 선광

정전 선광(electrostatic separation)은 종류가 다른 광물의 대전력 차이를 이용하여 분리 선별하는 방법으로, 광물 이외의 고체 원료에 대한 분리에 응용된다.

직류 전극(10,000~30,000V)과 저속으로 회전하는 로터

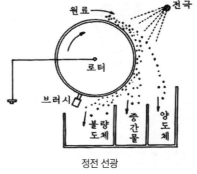

정전 선광

(roter) 사이에 만들어지는 정전장에 건조 상태의 광물 입자를 보내면 이들 각 입자의 표면에 전기를 띠는 성질이 강약으로 나타나서, 양도체의 광물 입자는 전자를 잃고 반발하여 멀리 떨어지고, 불량 도체의 광물 입자는 롤러 포면에 부착된 채로 밑으로 운반되었다가 솔에 걸려 떨어진다.

이와 같은 현상을 이용하여 자력 선광이나 부유 선광으로 분리가 어려운 원료를 선광할 수 있다. 예를 들면, 지르콘 중의 금홍석을 제거하는 등이다.

(4) 화학적 처리

화학적 방법은 원료 광물 중의 불순물을 침출하여 제거하거나, 유효 성분을 추출하는 정제법을 말한다. 유약이나 특수 내화물에 사용되는 원료를 화학적으로 처리할 때, 또는 유리용 규사와 도자기용 규사의 정제에 이용된다.

카올린류에 대해서는 현재 공업적으로 차아황산염 또는 아황산염으로 환원, 탈색할 때 주로 이용된다. 이 방법은 수비한 슬립에 아황산염과 황산을 첨가하여 점토 중의 철 화합물을 황산철로 제거하거나, 탈색시키는 것이다. 이 밖에도 원료를 염소가스와 함께 가열하여 철분을 염화철로 만들어 휘발시키는 방법이 있다.

이야기-6 : 무신경

1970년경 목포에 있는 행남사(행남자기)를 방문하고, 조선내화로 가는 길, 택시가 경적을 빵 빵 울려도 비켜주지를 않는다. 기사에게 물으니, 여기 사람들은 차로 엉덩이를 밀어야 뒤를 돌아보고는 비켜준다는 것이었다. 조선내화에가니, 터널가마에 하향식 연소 버너를 쓴다는 것이 인상적이었고, 광주에서는 고려청자공업주식회사(?)에서 2층 둥근 가마를 보았다. 그 당시 시내였으니, 지금은 시내한복판이 되고 없어졌을 것이다.

제 3 절 소지토(素地土)의 조제

일반적으로 많이 사용하는 장석질자기인 경우 고령토, 점토, 장석, 규석, 도석 등을 조합비에 맞추어 달아 조합볼밀에 넣어 50시간정도 회전시켜 미분쇄한 다음 압려기(filter press)에 압송펌프(memblance pump)로 밀어 넣어 탈수하고 진공토련기에서 기포를 제거하고, 이긴 다음 성형하게 된다. 또 다른 특성을 주기 위하여 석회석, 활석, 골회 등을 첨가하는 수가 있으며, 특수자기에서는 금속산화물 한가지만을 사용하는 경우도 있으나, 최근 분체공업의 발달로 분말원료를 혼합하여 쓰기도 한다.

1. 분쇄

고체는 그 형태와 크기가 매우 다양하다. 입자의 크기가 어느 정도 이하인 것을 총칭하여 분체(particulate solid)라고 하는데, 분체의 입자 하나하나는 그 모양이나 밀도가 각각 다르다.

이러한 분체는 고체 덩어리를 잘게 부수어 얻으며, 이 부수는 과정을 분쇄(size reduction 또는 comminution)라고 한다. 천연적으로 산출되는 원료나 인공적으로 제조된 원료는 알맞은 크기로 분쇄하여 쓴다.

(1) 분쇄의 원리

원료 덩어리를 분쇄하는 목적은, 첫째로, 가소성을 가지도록 하여 제품을 원하는 모양 또는 크기로 성형할 수 있도록 하고, 둘째는 비표면적을 증가시킴으로써 반응 속도나 용해 속도를 높이고, 셋째는 여러가지 성분으로 된 광석을 미세화 함으로써 필요한 성분을 쉽게 분리하여 불순물의 제거나 입도배합을 쉽게 하기 위한 것이다.

분쇄의 기구는 외부로부터 고체 덩어리를 인장, 압축, 굽힘, 비틈, 전

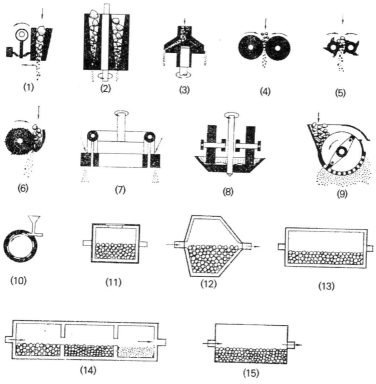

〈여러가지 분쇄기의 구조〉

(1) 죠오 크러셔 (2) 자이어러터로 분쇄기 (3) 코운 분쇄기 (4) 로둘 분쇄기 (5) 치형 로울 분쇄기
(6) 단일 로울 분쇄기 (7) 로울러 밀 (8) 건식 프렛 분쇄기 (9) 해머 밀
(10) 스팀식 분쇄기 (11) 조합 볼 밀 (12) 코니컬 볼 밀 (13) 실런더 볼 밀
(14) 튜브 밀 (15) 연속시 볼 밀

단, 충격, 마찰 등의 힘을 가하여 새로운 많은 분쇄 생성물을 분리, 생성하는 것이다. 그러나 실제의 효율적인 분쇄에는 압축(compression), 충격(impact), 마찰(attrition) 및 전단(cutting)의 네 가지 힘이 작용하는데, 이들은 단독으로 작용하는 수도 있지만 보통, 두 가지 이상의 복합적인 작용에 의해서 분쇄된다.

(2)분쇄기의 종류

분쇄기는 분쇄 원료와 생성물의 크기에 따라 조분쇄기, 중간 분쇄기, 미분쇄기, 초미분쇄기로 크게 나눈다.

이들 분쇄기는 원료의 크기, 모양, 경도와 분쇄물의 크기, 그리고 작업량 등을 생각해서 선택해야 한다.

아래 표는 여러가지 광석의 경도나 분쇄물의크기에 따른 분쇄기의 선정기준의 예이다.

〈분쇄기의 선정〉

분쇄 재료의 종류				분쇄 입도와 분쇄기
구분	경도	표준물질	예 시 재 료	100 mm 10 mm 1 mm 100 μm 10 μm 1 μm
연질재료	1	활석	점토, 흑연, 필터 케이크	조 크러셔 / 해머 밀 / 디스멘브레터
	2	석고	암염, 무연탄, 황	자이러토리 크러셔 / 펄버라이저
	3	방해석	시멘트, 연질 석회석	연질 재료 — 에지 러너 / 미크론 밀
	4	형석	석회석, 연질 인회석	롤 크러셔 / 제트 밀
경질재료	5	인회석	경질 석회석, 크롬철광	미크론 밀
	6	장석	황화철, 티탄철광	스탬프 밀
	8	수정	규사암, 화강암	연질, 경질 재료 — 볼 밀
	8	황옥	지르콘사	
	12	커런덤	알런덤	링 볼 밀
	15	금강석	다이아몬드	

(가) 조분쇄기(粗粉碎機)

원료를 2~5cm 정도의 크기로 분쇄하는 장치로서, 용도에 따라 파쇄물의 크기를 조절할 수 있다. 조분쇄기에는 조 크러셔와 자이러토리 크러셔가 있다.

(ㄱ) 조 크러셔(jow crusher)

이 기계는 일본식으로 악분쇄기(顎粉碎機)라고도 하며 우리말로 턱바시개라 바꾸어 부르다가 지금은 조크러셔(jaw crusher)로 굳어져 가고 있다. V자형의 턱(jaw)에 원광을 넣고 압축하여 분쇄하는 장치로 블레이크형(blake type), 도지형(dodge type), 롤형(roll type)이 있다.

조 크러셔의 파쇄 능력

투입구의 치수 열립 ×너비(mm)	여러 가지 지름의 파쇄 능력(ton/h)				마력(HP)
	38mm	25mm	19mm	6mm	
150×410	1.5~3.5	2.0~3.0	1.5~2.5	1.0~1.5	20~30
150×300	2.0~3.0	1.5~2.5	1.0~1.2	0.8~1.0	15~20
125×150	0.8~1.0	0.5~0.7	0.4~0.7	0.3~0.4	3~4
100×150	0.5~0.7	0.4~0.5	0.5~0.5	0.2~0.3	2~3

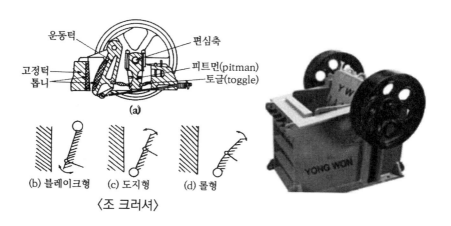

〈조 크러셔〉

(ㄴ) 자이러토리 크러셔

편심 운동을 하는 원형의 조
(jaw)가 있는 크러셔로서 압축과
전단에 의하여 분쇄된다.

조크러셔보다 분쇄되어 배출
하는 속도가 균일하며, 파쇄면
의 전부가 이용되고 투입구가 넓
으므로 능력이 크고 동력 소비가
적다.

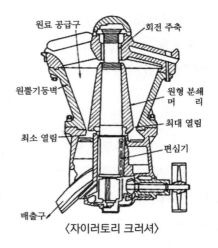

원료 공급구 회전 주축
원뿔기둥벽 원형 분쇄 머 리
최대 열림
최소 열림 편심기
배출구

〈자이러토리 크러셔〉

(나) 중간 분쇄기

조분쇄기로 분쇄된 원료를 0~수 mm의 크기로 분쇄하는 장치로
서 에지러너(edge runner), 롤크러셔(roll crusher), 해머밀(hammer
mill), 임펠러브레이커(impeller breaker) 등이 있으며, 도자기용으로
가장 많이 쓰이는 것은 에지러너이다.

(ㄱ) 에지 러너(edge runner)

분쇄 능력으로 보아 중간 분쇄와 미분쇄를 겸하고 있으며, 현장에서
는 후렛밀(fret mill)이라 고도 불러지고
있다. 팬 밀(pan mill) 또한 여기에 속하
며, 분쇄와 혼합을 겸한 장치이다. 2개의
멀러(muller) 라고 부르는 큰 롤러가 원
판 위를 회전할 때 분쇄물이 원판과 롤러
사이에 물려 들어가 무게에 의한 압축과
전단에 의하여 분쇄된다.

멀러의 회전수는 보통 12~18 rpm이고, 미분쇄를 필요로 할 때에는 회전 속도를 빠르게 한다. 멀러의 무게는 분쇄물의 상태에 따라 다르며, 지름이 3m인 분쇄판에서는 약 25톤을 파쇄하는데 50~60 마력 (HP)이 필요하다.

에지 러너의 분쇄 능력

평균 분쇄 능력(ton/h)	4~5	5.5~6	4	6~9	9
분쇄판의 지름(cm)	274.5	274.5	274.5	274.5	335.5
분쇄판의 두께(cm)	91.5	91.5	91.5	91.5	91.5
멀러의 지름(cm)	152.5	152.5	160	152.5	152.5
멀러의 나비((cm)	38	33	33	38	38
배출용 격자의 지름(cm)	0.48	0.32	0.32	0.32	0.48과 0.32
분쇄물의 건조 상태	건조	건조	건조	건조	젖음

(다) 미분쇄기

중간 분쇄기로 분쇄한 원료를 200메시 정도의 아주 작은 분말로 분쇄하는 장치로서, 볼 밀 (ball mill)과 코니컬 볼 밀 (conical ball mill)이 널리 쓰인다.

(ㄱ) 볼 밀(ball mill)

볼밀은 볼을 분쇄 매체로 하는 회전 원통 분쇄기 (drum mill)의 총칭이며, 형상에 따라 원통형 볼밀 (cylindrical ball mill)과 원뿔형 볼 밀

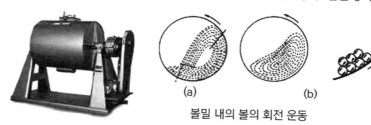

(a)　　　　　(b)

볼밀 내의 볼의 회전 운동

(conical ball mill), 등형 볼밀(spheroidal ball mill)로 구분한다. 또, 분쇄 매체의 종류에 따라서 페블밀(pebble mill)과 로드밀(rod mill)로 구분되기도 한다. 일반적으로 볼밀 속에 볼과 물과 원료를 넣고 아래 그림 과 같이 회전시킬 때에 강한 충격과 마찰 작용에 의해서 분쇄된다.

원통의 내벽은 석영, 자기, 용융 현무암 등의 내마멸성 재료로 내장되어 있고, 분쇄체로는 플린트구, 마노구, 자기구, 알루미나구 등이 쓰인다.

볼밀의 회전수는 이론적으로 보면, 회전 속도N은 볼이 원심력 때문에 원통벽에 붙어 있는 채로 회전하게 되는 한계 속도 Nc 의 65~80%로 하는 것이 보통이다. 원통의 지름(m)을 D라고 할 때 한계 속도 Nc 는 다음 식에 의하여 구한다.

$$Nc = \frac{42.3}{\sqrt{D}}$$

점성이 있는 원료의 습식 미분쇄에서 회전 속도는 Nc 의 65~70%가 알맞고, 점성이 낮은 원료의 습식 미 분쇄물이나 2~3mm 정도의 거친 입자의 건식 분쇄에는 Nc 의 70~75%가 알맞지만, 일반적으로 가장 알맞은 회전수는 다음과 같다.

$$N = \frac{32}{\sqrt{D}}$$

[예제] 안지름 1.83m의 볼밀에서, 2~3mm정도의 입자를 분쇄 할 때는 회전수를 얼마로 하는 것이 좋겠는가? 다만, 회전수는 한계 회전수의 77%로 한다.

$$N = 0.77Nc \quad Nc = \frac{42.3}{\sqrt{D}} \quad \therefore N = 0.77 \times \frac{42.3}{\sqrt{1.83}} \fallingdotseq 24(rpm)$$

(ㄴ) 코니컬 볼 밀

코니컬 볼 밀(conical ball mill)
은 원뿔형으로 되어 있고 약간 경사
지게 설치한다. 큰 원통 부분에서는
충격에 의해서, 작은 원통 부분에서
는 마찰에 의해서 미분쇄 된다. 그리
고 마멸 등으로 볼의 크기가 달라지
면 자동적으로 작은 볼이 원뿔 부분에 모이게 된다.

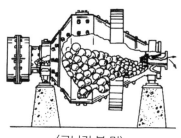

〈코니커 볼 밀〉

(라) 초미세분쇄기

초미세분쇄기는 1~2μm정도의 크기로 분쇄하는 장치로 유체 내에서
입자 상호간의 충돌에 의해서 분쇄하는 장치가 많으며 대표적인 것은
제트밀(jet mill)과 콜로이드밀(colloid mill)이 있다.

(ㄱ) 제트밀

제트밀은 유동 에너지 밀 (fluid energy
mill)이라고도 부르며, 압축 공기 또는 가
열 수증기를 제트 기류로 입자를 가속하여
입자끼리 또는 벽과의 충돌에 의하여 분쇄
한다.

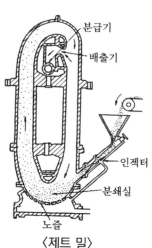

분급기

배출기

인젝터

분쇄실

노즐

에어제트밀

〈제트 밀〉

즉, 공급된 원료는 인젝터에서 가속되고 타원형의 분쇄실 내를 고속의 기류를 타고 상승한 입자는 상부의 곡반지름이 작은 부분에서 내려오고, 미립자는 배출 유체에 동반되어 분급되면 백 필터(bag filter)에서 포집한다. 대개 100 메시 정도의 원료를 사용하여 1ton/h속도로 0.5~10μm까지 분쇄한다.

(ㄴ) 콜로이드밀 (colloid mill)
대부분 습식으로 되어 있으며 카올린, 흑연 등의 초미세 분쇄에 쓰인다. 이 형식에는 프레미어 콜로이드 밀 (premier

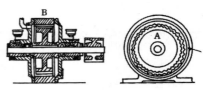

〈프레미엄 콜로이드 밀〉

colloid mill)이 있다. 매끈한 원뿔면을 지닌 로터 A가 통 안에서 매우 작은 틈새를 가지고 고속으로 회전한다. 이때, 로터의 간극은 마음대로 조절할 수 있으며 원액이 이곳을 지날 때 심한 전단 작용을 받아 내부 마찰에 의해 분쇄된다.

(3) 분쇄기의 운전

(가) 회분 분쇄와 개회로, 폐회로분쇄

(ㄱ) 회분(batch) 분쇄
일정량의 원료를 분쇄기 속에 넣고 배출구를 닫은 채로 원료 전체가 바라는 입도가 될 때까지 계속 분쇄하는 방법이며, 초미분쇄를 필요로 할 때에 사용된다.

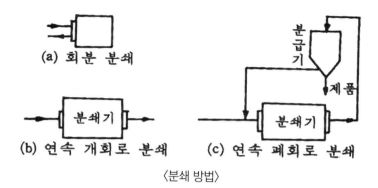

〈분쇄 방법〉

(ㄴ) 개회로(open circuit) 분쇄

원료를 분쇄기의 한쪽에서 공급해서 분쇄된 것 중에, 큰 입자는 처음 위치에 되돌려 보내지 않고 모두 다른 쪽으로 유출시키는 연속적인 분쇄 방법으로 조분쇄에 많이 사용된다.

(ㄷ) 연속 공급식 분쇄기

분쇄된 생성물을 분급하여 일정한 입자 지름보다 큰 입자는 다시 원료에 썩어서 분쇄하는 방식으로 폐회로 (closed circuit)분쇄라 한다.

(나) 건식 분쇄와 습식 분쇄

원료를 건조된 상태에서 그대로 분쇄하는 것을 건식 분쇄(dry grinding)라 하고, 원료에 물을 가하여 슬립상으로 분쇄하는 것을 습식 분쇄(wet grinding)라 한다.

건식 분쇄에서 분쇄 생성물을 어떤 크기 이하로 작게 할 수 없는 이유는 분쇄기의 벽이나 볼에 입자가 부착하여 피복층을 만들기 때문이다. 그런데 습식 분쇄를 할 때에는 입자가 분산하여 피복이 생기지 않으므로 더욱 고운 크기까지 분쇄할 수 있다. 그러나 10μm이하가 되면 습식이라도 입자의 응집으로 인한 방해가 일어난다. 이와 같은 응집에 따른 한계 크기는 규산염, 인산염 등의 분산제 (dispersion agent)를 약 1% 이하 첨가하면 저하된다.

볼밀에 대해서는 습식의 폐회로 분쇄가 일반적이다. 볼밀의 습식 분쇄 효율은 물을 이용하기 때문에 건식 분쇄보다 효과가 크게 작용한다.

예를 들면, 분쇄 시간에 의한 표면적의 증가에 따라 수화도, 염기 치환능이 증가한다. 그리고 슬립의 유동 상태가 변화하고 비중까지도 변화하므로 최초에 구석, 원료, 물의 비율을 규정하여도 언제나 같은 분말도를 얻을 수 있는 것은 아니다.

볼밀의 습식 분쇄에서, 분쇄에 의해서 생기는 에너지의 대부분이 열에너지로 바뀌어 슬립의 온도가 상승하고 콜로이드 부분이 증가한다. 따라서 점도가 갑자기 증가하고 분쇄 능률이 떨어진다. 그러므로 습식 분쇄에서는 슬립의 비중, 슬립의 점도, 밀의 회전수, 구석의 비중, 형상, 크기 그리고 밀 내장과 구석과의 마멸 등에 특히 유의해야 한다.

원료에 따라 사용해야 할 구석과 물의 양은 아래 표 와 같다.

습식 분쇄의 보기

원 료	투입량 (kg)	구석량 (kg)	구석의 지름 (mm)	물의 양 (kg)	밀에 넣는 부피(%)
석 영	1,061	600	50~80	650	94
플 린 트	600	500	40, 50, 60 각 1/3	600	—
장 석	1,200	1,200	70~90	1,200	90
유 약 프 릿	500	500	70~90	500	75
장 석	600	650	50~80	390	99
규 사 와 장 석	1,940	1,800	60	1,300	77
초벌구이 파편	510	500	50	300	63
장 석 (건 식)	3,500	4,000	60~80	—	—
규 사 (건 식)	1,400	5,000	30~50	—	—
석 영 (건 식)	150	200	40~50	—	—

소지를 미분쇄할 때에 비가소성 원료나 융제를 먼저 분쇄하고 다음에 혼합의 뜻으로 카올린질 광물을 넣지만, 최근에는 따로 분쇄하여 입도 분포를 측정한 다음 혼합 탱크에서 혼합하고 있다.

보기를 들면, 비가소성 원료에 대한 습식 분쇄의 기준은, 구석의 무게를 원료의 1.5~2 배로 하고 물과 원료는 같은 무게로 한다. 그러나 실제로 공장에서의 혼합 비율을 평균해 보면, 구석 : 원료 : 물 = 0.95 : 1 : 0.82정도이다.

도석에는 물을 많이 첨가해야 한다. 일반적으로 원료와 물의 비율을 0.75:1 정도로 하나, 점력이 많은 원료는 구석의 양을 줄이고 물의 양을 증가시킨다. 또, 볼밀에 넣은 용량은 다음과 같다.

원료 충전(kg) = 밀 용적의 0.75배 (l)
구석 충전(kg) = 밀 용적의 0.30배 (l)
물 충전 (kg) = 밀 용적의 0.15배 (l)

분쇄의 진행에 따라 슬립의 점도는 일반적으로 증가한다. 석영 원료와 물의 비율이 2.05:1과 2.27:1 사이에서는 석영의 점도가 갑자기 커져 분쇄 효율이 감소한다.

석영 슬립의 비중, 점도 및 분쇄 효율

원료 : 물	비 중	7시간 분쇄물		상대 분쇄 효과
		점도(p)	표면 계수	
1.47 : 1	1.568	0.821	521	1.205
1.72 : 1	1.661	1.072	547	1.269
1.93 : 1	1.693	1.082	559	1.294
1.95 : 1	1.707	1.327	567	1.313
2.05 : 1	1.715	1.251	567	1.312
2.27 : 1	1.760	10.880	451	1.043
2.49 : 1	1.812	21.680	433	1.000

분쇄 시간은 원료의 경도나 그 밖의 조건에 따라 다르지만, 장석 및 석영은 16~32 시간, 자기 소지는 12~18 시간, 유약은 60시간이 표준으로 되어 있다.

구석은 비중이 클수록 분쇄 효과가 크지만, 만일 분쇄물 속에 마멸된 내장석이 들어가서 문제가 될 때에는 비중이 작은 것을 쓴다. 일반적으로 구석의 크기는 50~80mm가 알맞다.

구석의 마멸은 분쇄 효과에 큰 영향을 끼친다. 구석이 마멸되면 분쇄 효율이 저하되고, 사면체는 구형에 비하여 10% 이상의 초과 동력이 필요하게 되며, 분쇄 효율은 11%이상 저하된다. 따라서 효과적으로 분쇄하기 위해서는 작아진 구석과 함께 평평해지거나 모가 난 구석은 제거하는 것이 좋다. 그러므로 시간을 정해서 구석을 바꾸고 보충해 주어야한다. 구석의 마멸도는 구석 지름의 제곱에 비례한다.

구석의 마멸률 (100시간 분쇄 후)

종 류	마멸률 (%)
자 제 볼	2.3 ~ 3.0
화 강 암 구 석	0.5 ~ 1.0
플 린 트 구 석 (프 랑 스)	0.3 ~ 0.5
플 린 트 구 석 (덴 마 크)	0.2 ~ 0.3
고 탄 소 단 조 강	0.3 ~ 0.7
단 조 크 롬 강	0.2 ~ 0.5
단 조 크 롬 - 망 간 강	0.1 ~ 0.3

2. 입도 분리

고체, 액체 및 기체의 여러 가지 조합으로 이루어진 혼합물에서 각 물질을 분리하는 것은 매우 중요하다. 도자기 원료의 분쇄 과정에서, 특히, 습식 분쇄에서는 물에 현탁된 미분쇄물을 분리하게 된다. 이때, 같은 밀도의 것을 크기에 따라 나누는 조작을 분립이라 하고 같은 크기의 것을 밀도에 따라 나누는 것을 선별이라 부르며, 이들 두 가지를 분급 (classification) 이라 한다.

(1) 체가름

체가름 (screening)이란, 여러 가지 크기의 분체 혼합물을 체를 이용하여 2종 또는 그 이상으로 나누는 조작으로서, 간단하고도 효율적인 방법이다. 이때, 체를 통과한 것을 통과물이라 하고, 체에 걸리는 것을 잔류물이라고 한다.

체가름에는 표준체 이외에 공업적으로는 고정체, 경사체, 회전체, 선동체, 요동체, 진동체 등이 있으며, 이들 중 진동체는 체눈에 입자가 막히는 일이 없으므로 능률적이라 많이 쓰인다.

진동체는 전동기에 의하여 120~200 메시의 스테인리스 스틸체가 진동하도록 설계되어 있어서, 굵은 알갱이는 옆으로 빠지고 체를 통과한 슬립은 탈철기를 거치게 되어 있다. 그러므로 한 번의 체가름으로 입도 분리와 탈철을 겸하게 되어 있다.

슬립의 체 통과 능력은 소지의 미세도나 농도에 많은 영향을 받는다. 점토 슬

립의 체가름에는 비중이 1.3 이하의 것이 효과적이나 탈수하기 위하여 필터 프레스(filter press) 에 보낼 때에는 슬립 비중이 1.44 정도가 좋다. 체 눈은 너무 작으면 마멸에 의한 파손이 커지고 슬립의 송출 속도가 빠르면 넘치기 쉽다. 그러므로 일정 시간에 많은 양을 체가름할 때에는 알갱이의 이동성을 고려해야 한다.

이동성은 체가 회전 운동이나 수평 진동을 하고 있을 때 역학적인 임계 미끄럼 속도로 계산되지만, 실제로는 입자 층의 운동이 매우 복잡하므로, 체가름을 위한 진동이나 회전 운동 등의 부여 방식과 체에 대한 슬립의 공급량은 실험으로 결정해야 한다.

표준체는 50μm이상의 입자에 대하여 입도 분포용으로 널리 쓰이고 있으며, 325메시보다 작은 눈금의 체의 망은 짜지 못한다. 체의 눈은 정사각형이며, 명주실로 만든 체는 연마성 물질의 체가름에 사용되고, 스테인리스 스틸로 만든 체는 내침식성이 강하다. 체의 구멍 크기는 메시(mesh) 로 규정된다. 특히, 타일러 (Tyler) 표준체에서 메시는 1 inch 안에 들어 있는 눈금의 수이다. 예를 들면, 200메시의 체는 1inch 안에 눈금이 200개 있으며, 체의 1inch^2 안에는 40,000 개의 체 구멍이 있게 된다.

우리나라의 표준체는1963년 한국 표준 규격 KS A 1501로 제정되었고, 그 범위는 44~5660μm 이다.

〈각국 표준 체 비교표〉

KS (한국)		ASTM (미국)		Tyler (영국)		DIN (독일)		BESA (프랑스)	
호칭 (μm)	체눈의 크기 (mm)	호칭 (메시)	체눈의 크기 (mm)	호칭 (메시)	체눈의 크기 (mm)	호칭 (mm)	체눈의 크기 (mm)	호칭 (메시)	체눈의 크기 (mm)
—						0.04	0.04	—	—
44	0.044	No. 325	0.044	325	0.043	0.045	0.045		
						0.05	0.05		
53	0.053	No. 270	0.053	270	0.053	0.056	0.056	300	0.053
62	0.062	No. 230	0.062	250	0.061	0.063	0.063	240	0.066
74	0.074	No. 200	0.074	200	0.074	0.071	0.071	200	0.076
						0.08	0.08		
88	0.088	No. 170	0.068	170	0.068	0.09	0.09	170	0.089
105	0.105	No. 140	0.105	150	0.104	0.1	0.1	150	0.104
125	0.125	No. 120	0.125	115	0.124	0.125	0.125	120	0.124
149	0.149	No. 100	0.149	100	0.147	—	—	100	0.152
—						0.16	0.16		
177	0.177	No. 80	0.177	80	0.175			85	0.178
210	0.21	No. 70	0.21	65	0.208	0.2	0.2	72	0.211
250	0.25	No. 60	0.25	60	0.246	0.25	0.25	60	0.251
297	0.297	No. 50	0.297	48	0.295	—	—	52	0.295
						0.315	0.315		
350	0.35	No. 45	0.35	42	0.351			44	0.353
420	0.42	No. 40	0.42	35	0.417	0.4	0.4	36	0.422
500	0.50	No. 35	0.50	32	0.495	0.5	0.5	30	0.500
590	0.59	No. 30	0.59	28	0.589	—	—	25	0.599
—						0.63	0.63		
710	0.71	No. 25	0.71	24	0.701			22	0.699
840	0.84	No. 20	0.84	20	0.833	0.8	0.8	18	0.853
1,000	1.00	No. 18	1.00	16	0.991	1.0	1.0	16	1.00
1,190	1.19	No. 16	1.19	14	1.168	—	—	14	1.20
						1.25	1.25	—	
1,410	1.41	No. 14	1.41	12	1.397	—	—	12	1.40
1,680	1.68	No. 12	1.68	10	1.651	1.6	1.6	10	1.68
2,000	2.00	No. 10	2.00	9	1.981	2.0	2.0	8	2.06
2,080	2.38	No. 8	2.38	8	2.362	—	—	7	2.41
						2.5	2.5	7	
2,380	2.83	No. 7	2.83	7	2.794	—	—	6	2.81
						3.15	3.15		
3,360	3.36	No. 6	3.36	6	3.327	—	—	5	3.35
4,000	4.00	No. 5	4.00	5	3.962	4.0	4.0	—	—
4,760	4.76	No. 4	4.76	4	4.699	—	—	—	—
—				—		5.0	5.0		
5,660	5.66	No. 3½	5.66	3½	5.613	—	—		

(2) 침강 분리

체가름으로 분리할 수 없는 미세한 입자에 대해서 가장 널리 쓰이는 것이 침강법이다. 침강법은 공 모양의 입자가 공기 중이나 물속을 자유롭게 침강 할 때 적용되는 스토크스(stokes)의 법칙에 근거를 둔 방법이다.

스토크스의 법칙은 다음과 같다.

$$v = \frac{2}{9} \times \frac{g(\rho_1 - \rho_2)}{\eta} \cdot r^2$$

여기서,

    v: 침강속도(cm/sec) ρ_2 ; 유체의 밀도(g/cm³)

    g: 중력 가속도(cm/sec²) r : 입자의 반지름 (μm)

    ρ_1: 고체입자의밀도(g/cm³) η : 유체의 점도 (poise)

위의 식은 거친 입자일 때, 또는 입자가 매우 미세하여 브라운운동(Brown motion)이 있을 경우에는 그대로 적용할 수 없다.

그러나 스토크스의 법칙이 적용되는 것은 미세한 입자는 침강 속도 v가 입자의 반지름 r의 제곱에 비례하므로, 거친 입자는 빠르게 침강하고 미세한 입자는 서서히 침강함을 알 수 있다.

이 때 사용되는 유체가 물일 때는 수비법이라 하고, 공기일 때에는 풍비법(pneumatic elutriation)이라고 한다.

〈입자의 침강 속도〉

구형 입자의 지름(μm)	침강 속도 (cm/s)	
	공 중	수 중
1	0.0077	0.000062
2	0.031	0.00032
5	0.19	0.0020
10	0.77	0.0081
25	4.8	0.050
44	15	0.16
74	42	0.44
104	81	0.87

제 4 절 소지 조합 계산

　도자기 소지는 일반적으로 네 가지 기본 원료, 즉 카올린에 성형성을 좋게 하는 점토와 소성할 때 기물의 골격을 이루는 규석, 그리고 융제 역할을 하는 장석으로 되어 있다. 따라서 도자기 소지는 요구되는 최종 성질에 따라 여러 가지 조성을 가지게 되나 위의 네 가지 기본 원료의 비율이 균형을 이루어야 한다. 소지의 조성을 나타내는 시성식은

$$(R_2O + RO) \cdot xR_2O_3 \cdot yRO_2$$

　로서 R_2O, RO는 염기성 산화물, R_2O_3는 중성 산화물, RO_2 는 산성 산화물을 나타낸다. 소지의 조성은 R_2O_3, 즉 중성 산화물의 몰수의 총합이 1인 것을 기준으로 하며, 이러한 식을 제게르식 (Seger formula) 이라 한다.

1. 광물 조성의 계산

　광물 조성은 주로 X선 회절 방법 등으로 확인할 수 있으나, 미량일 경우에는 어렵기 때문에 화학 성분의 조성으로 측정하여 계산하게 된다.
　다음 표에 나타낸 것과 같은 화학 성분의 조성을 가지는 카올린 광물을 예를 들어 설명하면 다음과 같다.

카올린의 화학 성분의 조성 예

화학 성분	중량 (%)	분자량	화학 당량
SiO_2	64.78	60.1	1.077
Al_2O_3	25.61	101.9	0.251
Fe_2O_3	0.19	160.0	0.001
CaO	0.22	56.1	0.004
K_2O	0.32	94.2	0.003
Na_2O	0.23	62.0	0.004
H_2O	8.65	18.0	0.480

점토의 이론 조성으로 보아 점토 외에 규석이 상당량 들어 있음을 알 수 있다. Fe_2O_3는 철분 함량으로 생각할 수 있으며, CaO, K_2O, Na_2O 는 각각 칼슘 장석($CaO \cdot Al_2O_3 \cdot 2SiO_2$), 칼륨장석($K_2O \cdot Al_2O_3 \cdot 6SiO_2$), 나트륨장석($Na_2O \cdot Al_2O_3 \cdot 6SiO_2$)에서 들어가는 것으로 계산할 수 있다. 또한, 강열 감량은 8.65%로 다소의 유기물이 산화되어 감량된 것도 있으나, 여기서는 카올린의 구조수에 의한 것으로 계산한다.

그러므로 화학 성분의 조성을 알고 있는 위의 점토는 카올린 광물 외의 규석, 철분, 칼슘 장석, 칼륨 장석, 나트륨 장석이 부수 광물로 존재하고 있음을 알 수 있다.

광물 조성의 비율을 알기 위해서는 원료의 화학 성분의 조성(중량%)을 분자량으로 나눈 화학 당량을 구하고, 이 화학 당량에 각 광물의 분자량을 곱하여 무게비 (%)를 구하면 이것이 원료의 광물조성 비율이 된다.

아래 두개의 표는 카올린 광물의 성분별 화학 당량표와 카올린 광물에 포함되어 있는 각 광물의 무게비를 계산하여 나타낸 것이다.

카올린 광물의 성분별 화학 당량

화학 성분 / 화학 당량	SiO_2	Al_2O_3	Fe_2O_3	CaO	K_2O	Na_2O	H_2O
원료의 화학 당량	1.077	0.251	0.001	0.004	0.003	0.004	0.480
0.003 칼륨 장석	0.018	0.003			0.003		
나머지	1.059	0.248	0.001	0.004		0.004	0.480
0.004 나트륨 장석	0.024	0.004				0.004	
나머지	1.035	0.244	0.001	0.004			0.480
0.004 칼슘 장석	0.008	0.004		0.004			
나머지	1.027	0.240	0.001				0.480
0.240 카올린	0.480	0.240					0.480
나머지	0.547		0.001				
0.01 적철광			0.001				
나머지	0.547						
0.547 석영	0.547						

카올린 광물의 무게비 (%)

광 물	분자 당량 분자량 분자비	무게비 (%)
칼 륨 장 석	0.003 × 557 = 1.67	1.68
나트륨 장석	0.004 × 524 = 2.10	2.10
칼 슘 장 석	0.004 × 279 = 1.12	1.12
카 올 린	0.240 × 258.2 =61.92	62.07
석 영	0.547 × 60.1 =32.90	33.03
	99.71	100.00

2. 소지의 계산

도자기 소지는 기본 원료인 카올린 광물($Al_2O_3 \cdot 2SiO_2 \cdot 2H_2O$), 칼륨장석($K_2O \cdot Al_2O_3 \cdot 6SiO_2$), 규석($SiO_2$)으로 되어 있다.

카올린 광물에는 부수 광물로서 유리 석영 외에 장석, 운모 등이 들어 있으며, 장석에도 칼륨 장석 외에 나트륨 장석등 부수 광물이 들어 있기 때문에, 소지를 정확하게 계산하는 데는 많은 어려움이 있다.

그러나 석영은 비교적 순도가 높기 때문에 소지의 계산상의 어려움은 없다.

(1) 조합식

도자기 공장에서 사용하는 소지의 배합비를 예로 들면 오른쪽 표와 같다.

이 방법은 소지 배합에는 편리하나 카올린, 장석에 들어 있는 부수광물을 모르기 때문에 다른 소지와 비교하기는 곤란하다.

도자기 소지의 배합비

원 료	중량 비율 (%)
카 올 린 질	69.5
석 영	8.5
장 석	15.5
석 회 석	6.5

(2) 광물 조성식

소지를 비교하기 위해서 소지의 조합을 광물 조성으로 표시하는 방법이다. 위의 표와 같은 배합소지의 광물 조성을 화학 분석을 이용하여 다음과 같이 구할 수 있다.

- 카올린: 카올린질 95%, 석영 5%
- 석영: 석영100%
- 장석: 나트륨장석, 칼륨장석 88%, 석영 2%, 칼슘 장석 10%
- 석회석: 탄산칼슘 100%

이것을 정리하면 다음 표와 같다.

소지 배합의 광물 조성 (%)

원 료	카올린 질	석 영	나트륨 장석, 칼륨 장석	탄산칼슘
69.5 카올린	66.0	3.5	—	—
8.5 석 영	—	8.5	—	—
15.5 장 석	—	0.3	13.6	15.5
6.5 석회석	—	—	—	6.5
합 계	66.0	12.3	13.6	8.05

(3) 제게르식

앞의 광물의 화학 성분 조성을 제게르식으로 표시하면 아래 표와 같다.

소지 배합의 제게르식

원 료	SiO_2	Al_2O_3	KNaO	CaO
카올린질 66.0 ÷ 258 = 0.255	0.051	0.255	—	—
석 영 12.3 ÷ 60.1 = 0.206	0.205	—	—	—
장 석 13.6 ÷ 540.7 = 0.0252	0.150	0.025	0.025	—
석회석 8.05 ÷ 100 = 0.081	—	—	—	0.081
합 계	0.821	0.280	0.025	0.081
Al_2O_3 = 1로 하면	3.57	1.00	0.089	0.289

즉, 제게르식은 $\left.\begin{array}{l} 0.089 \text{ KNaO} \\ 0.289 \text{ CaO} \end{array}\right\}$ $Al_2O_3 \cdot 3.57SiO_2$가 된다.

(4) 화학 조성식

소성 또는 건조한 소지는 일반적으로 화학 성분 조성으로 표시하며, 위의 소지의 화학 성분 조성은 다음과 같다.

성분	SiO_2	Al_2O_3	Fe_2O_3	CaO	MgO	K_2O	Na_2O	H_2O	CO_2
%	52.9	28.9	0.5	4.0	0.2	1.7	0.7	9.1	2.5

3. 소지 배합의 계산

아래 표와 같은 화학 성분 조성과 광물 조성의 원료를 사용하여,

사용 원료의 화학 조성과 광물 조성 (%)

성분 \ 광물	SiO_2	Al_2O_3	Fe_2O_3	CaO	MgO	K_2O	Na_2O	강열 감량	점토 광물	장석	규석
카올린	48.31	39.07	0.15	0.05	0.02	0.18	0.03	12.09	96.78	1.96	1.26
점　토	49.09	36.74	0.42	0.11	0.20	0.52	0.11	12.81	89.72	7.66	2.62
장　석	64.98	18.04	0.12	0.38	0.21	14.45	1.54	0.33	—	100.00	—
규　석	95.60	0.11	0.12	3.04	—	—	—	1.13	—	4.40	95.60

카올린광물 63.08%, 장석 28.62%, 석영 8.30% 의 소지조합을 계산하면 다음과 같다.

카올린광물의 반, 즉 31.54% 씩을 카올린 및 점토에서 얻는다고 하면 그 소요량은 다음과 같다,

$$31.54 \times \frac{100}{96.78} = 32.59(\%) \cdots\cdots \text{카올린 배합비}$$

그러나 카올린 32.59%는,

$$\text{장석분} \cdots\cdots 32.59 \times \frac{1.96}{100} = 0.64\,(\%)$$

$$\text{석영분} \cdots\cdots 32.59 \times \frac{1.26}{100} = 0.41\,(\%)$$

를 동반하고, 점토의 35.15%는

$$\text{장석분} \cdots\cdots 35.15 \times \frac{7.66}{100} = 2.69\,(\%)$$

$$\text{석영분} \cdots\cdots 35.15 \times \frac{2.62}{100} = 0.92\,(\%)$$

를 동반하고 있다.

그러므로 카올린광물에서 들어오는 석영의 총량은 0.41 + 0.92 = 1.33 % 로 되고, 주어진 석영량 8.3 %에서 이 양을 뺀 나머지의 전부를

원료인 규석에서 얻어야 한다.

그러나 규석의 석영 함유량은 95.6% 이므로

$$(8.3-1.33) \times \frac{100}{95.6} = 7.29 \, (\%)$$

가 규석 배합비로 되고,

$$장석분....7.29 \times \frac{4.4}{100} = 0.32 \, (\%)$$

를 동반한다.

카올린광물 및 규석에 동반하는 장석은,

$$0.61 + 2.69 + 0.32 = 3.65\%로 된다.$$

이것을 주어진 소지 중의 장석 28.62%에서 뺀 것이 장석의 조합비가 된다.

$$28.62 - 3.65 = 24.997 \, \%$$

위에서 구하는 소지토의 조합비는 다음과 같다.

카올린	점토	장석	규석
32.59%	35.15%	24.97%	7.29%

제 5 절 소지의 조제

도자기의 성형은 기물의 모양에 따라 연토성형, 주입성형, 가압성형 등으로 구별할 수 있으나, 각 성형 방법에 적합한 소지의 조제에서 가장 중요한 것은 원료와 수분의 균일한 분포라 할 수 있다.

1. 연토(練土)의 조제

조합된 소지에서 가장 중요한 물성은 성형하는 데 필요한 가소성을 가지고 있느냐 하는 것이다.

볼밀에 카올린질 광물과 장석 규석 등 원료를 넣고 분쇄하는 것이 일반적이나, 경질의 암석원료를 먼저 분쇄한 다음 토상의 카올린질 원료를 혼합 및 분쇄하는 경우도 있다. 분쇄된 원료는 교반기로 옮기고 응교제를 넣은 다음 비중과 점도를 알맞게 조절해야만 필터 프레스에서 나

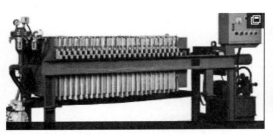

오는 케이크가 균일한 혼합과 수분 분포를 가지게 된다. 교반기에서 나온 슬립은 탈철기가 설치된 체를 통과시키며 비중과 점도를 측정하여 조정한 다음 필터 프레스로 보낸다. 압력기(필터 프레스)에는 자동 압력 조정기와 압력계를 설치하여 펌프의 압력을 일정하게 유지 한다.

필터 프레스에 보내는 시간과 압력에 변화가 있으면 얻어지는 필터 케이크의 수분 함량이 달라진다. 탈수된 필터 케이크는 습도가 일정하게 유지되어 있는 저장실에 넣어 배토의 함수량을 일정하게 하며 숙성시킨다. 숙성을 시키는 목적은 소지토 속의 유기물이 분해되어 미생물이 번식하고 수분이 균일하게 분산되어 가소성이 좋아지기 때문이다.

필터 프레스와 필터 케이크

따라서, 숙성은 오래 할수록 좋다. 숙성된 배토는 진공 토련기에서 기포를 제거하고 이겨 성형에 적합한 균질한 소지토를 만든다.

2. 주입용 슬립의 조제

슬립 (SliP)이란 요업 원료
가 물에 현탁된 것을 말하는
데, 니장(泥醬), 이라고도한다,
슬립을 제조하는 방법은 크게
두 가지가 있는데, 첫 번째는,
필터케이크에 적당량의 해교
제와 물을 넣어 교반하여 만드

슬립의 조제

는 방법이고, 둘째는 직접 원료에 해교제를 넣고 볼밀에서 미분쇄하여
만드는 방법이다. 일반적으로 첫째 방법이 많이 쓰이고 있는데, 그 이유
는 필터 프레싱하면서 용융열을 약 $\frac{1}{2}$로 줄일 수 있기 때문이다.

둘째 방법은 주로 위생도기와 같은 대형 기물에 사용된다. 슬립 속에
콜로이드 (colloid)성을 나타내는 입자의 양이 약 20%는 되어야 주입
성형이 가능한 것으로 알려져 있다. 따라서 주입용 슬립의 성질은 점토
의 첨가량, 원료의 선택과 분쇄, 주입조작의 조건 등에 따라 변화한다.
주입 슬립은 해교제를 넣어 비중이 1.65~1.80 이 되게 한다.

3. 가압 성형용 소지의 조제

프레스 성형용 소지는, 필터 케이크를 건조실에서 반건시켜 수분이
5~10 %로 되도록 하고 스크린 분쇄기로 보내어 직접 입도를 분리한다.
그러나 최근에는 분무 건조기로 과립을 만들어 사용하기 때문에 수분
조절이 잘 되어 능률적이다.

가압 성형에 사용하는 소지는 입도가 크면 수축은 적으나 표면이 거

칠고, 입도가 작으면 수축은 많으나 표면이 매끄럽다. 가압 성형용 소지
는 조립, 중립, 미립의 입도배합이 알맞게 충전되어야 한다.

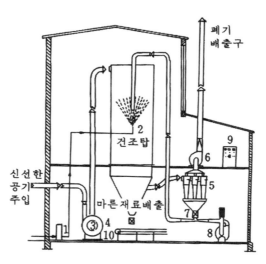

1. 컨베이어와 펌프   2. 분무 노즐 3. 버너
4. 공기 가열기   5. 사이클론 분급기
6. 주 통풍기   7. 출구 밸브 8. 먼지 회수용
팬 9. 스위치 보드 10. 컨베이어 보드

분무식 건조기

제 6 절 성 형

　도자기 제품의 성형 방법에는 물레성형. 주입성형, 압출성형, 가압성
형으로 나누지만 이 밖에도 공예에서는 압형법(壓型法), 흙가래 쌓아올
리기(卷上法), 판 만들어 붙이기 등 도 쓰인다.

전동물레

손물레

발물레

1. 물레 성형

물레에는 손물레. 발물레. 전동물레. 기계물레. 반자동물레. 자동물레
가 있으며 손으로 만드는 방법과 기계로 만드는 방법이 있다.

(1) 손으로 만드는 방법

손물레는 도예에서 성형 보조 도구로 쓰이거나, 윗그림 장식, 선긋기
등에 쓰이나, 회전시켜 성형하는 경우는 드물다.

발물레에는 우리나라 옹기제조에 쓰이는 재래식 전통 발물레와 도예
에서 사용되는 서구식의 발물레가 있다. 전동물레는 전기 동력으로 회
전시킬 뿐 성형방법은 발물레성형과 같다. 옛날에는 도자기제품의 거의
가 손으로 물레성형 하였으나 지금은 도예에서 만 쓰이고 있다. 흙 이기
기 3년 성형하기 10년 이란 말이 있듯 고도의 숙련을 요한다.

(가) 흙반죽하기

① 주물러이기기   ② 두들겨이기기   ③국화문이기기   ④ 포탄형으로 끝손질

(나) 흙다루기

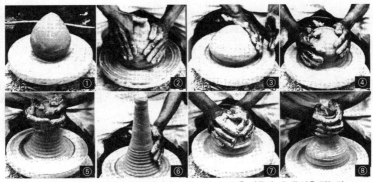

① 물레 중심에 놓는다 ② 흙을 두드리며 손으로 돌린다. ③ 물을 바른다. ④ 중심을 잡는다.
⑤ 위로 뽑는다. ⑥ 꼬면서 이긴다. ⑦ 밑으로 누른다. ⑧ 다시 뽑아 올려 적당량의 흙을 취한다.

(다) 컵만들기

(라) 굽깍기

1. 굽깍기 칼
2. 고정대
3. 컵 안면과 같게 깍는다.
4. 굽면을 평평하게 깍는다.
5. 컴퍼스로 굽 크기를 표한다.
6. 바깥면을 깍는다.
7. 굽을 파낸다.

(2) 기계물레성형 하는 방법

기계물레성형은 손물레 처럼 고도의 숙련을 요하지 않으며, 진공토련기에서 나온 소지를 기물 한 개 만들 정도로 절단한 배트(bat)를 회전하는 석고틀 위에 올려놓고, 기물의 다른 한쪽 면 모양의 금속제 칼이 달린 지거(JIGGER)를 내려 기물을 성형한다. 성형된 기물은 석고틀에서 쉽게 떨어지지 않으므로 일정시간 건조실에 넣어 석고틀이 수분을 흡수하여 성형기물이 수축한 다음 분리하게 된다.

자동물레성형기에는 반자동과 완전자동이 있는데, 완전자동은 원료공급에서 부터 기물이 성형 되어 나오기 까지 자동으로 이루어지는 기계이다.

물레 성형의 작업 공정

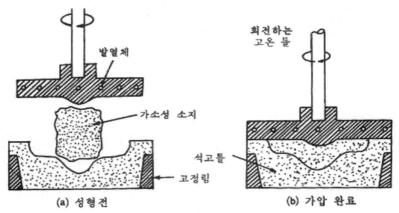

(a) 성형전

(b) 가압 완료

가열된 강철 틀에서 성형

반자동 롤러머싱

자동물레성형기

진공 토련기를 거친 소지는 배트로 절단되고, 배트는 회전하는 틀의 중심에 놓여 프레싱하게 된다. 이러한 자동 성형기는 손 물레성형에 비하여 물레의 (반자동 롤러머싱) 회전속도(400~1200rpm)가 빠르므로 대량 생산에 적합하다. 석고틀 위의 성형 강철 틀을 가열(200~300℃)하면 성형체 표면에 증기막이 생겨 성형체가 붙지 않는다.

2. 주입 성형

주입 성형은 물레 성형으로 성형할 수 없는 대칭형이 아닌 기물, 예를 들면 위생도기, 타원 접시, 주전자 같은 기물을 성형하는 데 사용한다. 석고틀에 슬립(니장)상태의 원료를 부어 기물을 만드는 방법이다.

(1) 석고틀 만들기

석고틀의 원료는 소석고이며, 소석고는 석고암을 분쇄한 후 하소하여 얻게 된다.

$$\underset{\text{석고암}}{CaSO_4 \cdot 2H_2O} \quad \underset{\text{가열}}{\rightarrow} \quad \underset{\text{소석고}}{CaSO_4 \cdot \frac{1}{2}H_2O}$$

소석고를 만들 때 과포화 증기에서 하소한 것은 입자가 단단하지만 공기 중에서 한 것은 수분이 갑자기 나오기 때문에 입자가 스펀지 모양으로 되어있다.

그러므로 전자를 α-석고, 후자를 β-석고라고 하며, 도자기제조 석고틀 용으로는 일반적으로 β-석고를 사용한다.

물에 적당량의 소석고가루를 살포 침적시킨 후 진공 상태에서 교반하여 모형에 부운 후 단단하게 되었을 때 분리하면 사용형이 나온다. 이때, 필요한 물을 주도(consistency)라 하며, 석고가 물과 반응해서 단단하게 굳는 것을 응결(setting)이라 한다.

석고를 응결시키는 데 필요한 이론적인 물의 양은 다음과 같다.

$$\underline{CaSO_4 \cdot \tfrac{1}{2}H_2O} \quad + \quad \underline{\tfrac{3}{2}H_2O} \quad \rightarrow \quad \underline{CaSO_4 \cdot 2H_2O}$$

소석고	경화에 필요한 물	석고틀
100g	+ 18.6g →	118.6g

즉, 소석고 100g에 물 18.6g이 필요하게 된다. 그러나 실제로는 소석고, 또는 석고틀의 종류에 따라 주도를 달리하게 된다.

주도에 따른 석고틀의 강도를 α-석고와 β-석고를 비교하면 아래 그림과 같다. 그러므로 소석고의 주도를 얼마로 하느냐는 석고의 종류, 진공 교반기의 사용여부에 따라 크게 달라질 수 있으므로 석고틀을 만들기 전에 예비 실험을 거쳐 결정해야 한다.

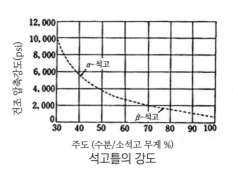

석고틀의 강도

석고 원형에 석고를 부어 사용형을 만들 때 석고틀에 붙지 않도록 하는 분리액으로는 고급 지방산 비누가 많이 사용되고 있다. 진한 비누 용액을 습기 있는 석고의 표면에 칠하여 비누거품이 생기게 했다가 스펀지로 비누 거품을 닦아 내고 반복하여 석고면에 비누 거품을 입힌다. 이때, 비누 거품을 완전히 제거해야 한다. 비누로 처리된 석고틀의 겉면은 상아처럼 윤이 나고, 건조하면 매끈해진다.

석고틀에는 원형 사용형 모형으로 나누는데 모형은 사용형을 많이 필요로 할

모형

석고틀 제작순서의 보기

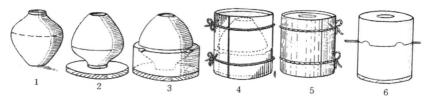

① 원형 ② 원형의 반지름이 가장 큰 부분에 연필로 구획선을 긋는다 ③ 아래에 연토로 채운다. ④ 함석으로 주위를 막는다. ⑤ 원형과 함석 사이 공간에 석고를 교반하여 붓는다. ⑥ 함석을 제거하고 상하 석고틀을 분리하고 원형을 빼내면 사용형이 된다.

때 사용형을 뽑는 틀을 말하며 케이스형이 라고도 부른다. 모형처럼 많이 사용하는 틀에는 세락등 이형제를 발라 석고표면을 경화시키면 틀이 오래 갈 뿐 아니라 비누막 형성도 잘된다.

(2) 주입 공정

슬립을 석고틀에 주입하면 석고틀이 슬립의 물을 흡수함과 동시에 소지가 석고틀 벽에 흡착되어 시간이 경과함에 따라 두께가 두꺼워지는데, 원하는 두께로 되었을 때 배장하여 성형하는 공정을 말한다.

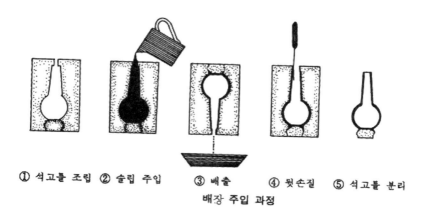

① 석고틀 조립 ② 슬립 주입 ③ 배출 ④ 뒷손질 ⑤ 석고틀 분리
배장 주입 과정

(가) 흡수과정

약 25%의 물을 함유하고 있는 슬립을 건조된 석고틀에 부으면 슬립 속의 물은 석고틀의 모세관 작용에 의해 석고틀 내로 빨려 들어가게 된다. 석고벽에 인접한 슬립은 상당량의 물을 잃게 되면서 단단하게 되어 항복점이 증가하게 되는데, 이러한 현상은 석고 내의 모세관이 찰 때까지 계속된다. 시간이 경과되면 단단한 벽 두께가 증가하게 되고 석고는 점점 축축하게 된다. 이러한 과정을 개략적으로 표시하면 오른쪽 그림과 같다.

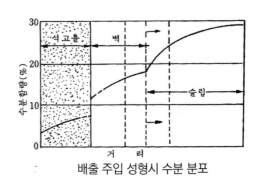

배출 주입 성형시 수분 분포

주입 성형 속도, 즉 벽두께의 증가 속도는 시간이 지날수록 떨어지게 된다. 첫째는 점점 두꺼워지는 소지층을 통과해야 하는 물에 대한 저항이 커지기 때문이며, 둘째는 석고틀의 기공이 물로 채워지면서 흡입력이 작아지기 때문이다.

이러한 이유로 미세한 알갱이로 된 소지는 굵은 알갱이로 된 것에 비해 주입 성형 속도가 늦은 것을 알 수 있다.

(나) 주입용 슬립의 해교

슬립을 해교시킨다는 것은 주입 성형에서 중요한 일이다. 해교가 잘 된 슬립일수록 알맞은 유동성도 가지면서 성형층의 농도를 증가시킬 수 있다. 성형층의 농도가 클수록 소성할 때 수축이 적기 때문에 바람직하다. 일반적으로 해교가 어느 정도 잘 되었는지를 알기 위해서는 슬립의 점도를 측정한다.

그림에서 알 수 있듯이 점도가 갑자기 떨어진 상태를 해교된 상태라고 할 수 있다.

일반적으로 도자기 소지에 사용되는 해교제로는 Na_2CO_3와 Na_2SiO_3 같은 염기성 염이 있다. 이들 염기성 염이 슬립의 점도를 작게 하기 위해 갖추어야 할 조건은 다음과 같다.

① 양이온은 1가이어야 한다.

② 용액을 분해해서 [OH^-]을 형성해야 한다.

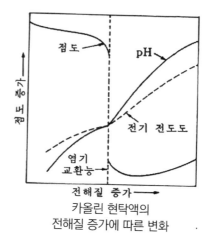
카올린 현탁액의
전해질 증가에 따른 변화

실제로 이와 같은 현상을 알기 위해서는 Na_2CO_3와 $NaOH$를 비교해 보면 쉽게 알 수 있다. 즉, 점토가 해교되기 위해서는 점토 입자에 붙어 있는 Ca^{2+} 같은 불순물 이온들을 분리해야 하는데, $NaOH$는 Ca^{2+}와 반응해서 용해성이 좋은 $Ca(OH)_2$가 생성되지만 Na_2CO_3는 Ca^{2+}와 반응해서 불용성의 $CaCO_3$가 생성된다. 마찬가지로 Na_2SiO_3도 Ca^{2+}와 반응하여 불용성의 $CaSiO_3$가 생성되기 때문에 해교제 역할을 하게 된다.

(다) 주입용 슬립의 성질

슬립은 가능한 한 물의 함량이 적으면서도 유동성이 좋아야 한다. 주입 성형은 크게 둘로 나누어 배장주입과 고정주입이 있는데, 전자는 비교적 얇은 기물에 적용되고, 후자는 두꺼운 기물에 적용된다.

배장주입용 슬립의 비중은 1.65~1.80이며, 고형 주입 슬립의 비중은 1.75~1.95이다. 배장주입용 슬립의 점도는 1~5푸아즈(poise)이며, 고형 주입 슬립의 점도는 5~50푸아즈이다.

주입 속도는 슬립의 조성 및 석고틀의 조건에 따라 좌우된다. 배장 주입 속도를 높이면 석고들의 회전이 빨라서 바람직하지만 기물의 두께를 조절하기가 어렵다. 아래 표는 주입 속도의 예이다.

각 기물의 주입 속도

종 류	주입 방법	기물 두께(mm)	주입 시간
반 자 화 기 물	배 출	3.2	15분
고알루미나 기물	배 출	3.2	3분
위 생 도 기	고 형 과 배 출	9.5	2시간
프 릿 자 기	배 출	16	5분
전기 절연 자기	고 형	—	8시간

(ㄱ) 배장주입

석고틀 안에 슬립을 붓고 나면 석고틀 면에 점토층이 형성된다. 시간이 지나면서 점차 두께가 두꺼워지는데, 적당한 두께가 되었을 때 석고틀 안의 남은 슬립을 부어 성형하는 방법으로, 이

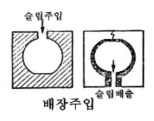

배장주입

때 기물의 면이 깨끗하게 배출되기 위해서는 슬립과 석고틀에 생성된 기물 사이에서 주도의 변화가 빠르게 일어나야 한다.

새로 생성된 기물이 빨리 단단하게 굳어야만 석고틀에서 빨리 빼낼 수 있고 변형도 덜 된다. 이러한 물성은 알맞은 점토의 선택, 충분한 해교 및 황산염 조절에 따라 좌우된다.

(ㄴ) 고형주입

기물모양과 같은 석고틀에 슬립을 주입하면 배장 할 여분 없이 모두 흡수시

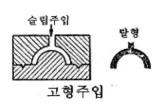

고형주입

켜 성형 하는 방법으로, 이 때 체적 수축이 최소가 되어야 하므로 슬립의 비중이 커야만 한다.

슬립의 성질을 결정짓는 요인 중 가장 중요한 것이 점토와 비가소성 원료의 비율인데, 이것은 건조 및 소성을 고려해서 결정하게 된다. 아래 표는 몇 가지 기물의 비가소성 원료에 대한 점토의 비율을 나타내고 있는데, 평균 52% 내외임을 알 수 있다.

주입 슬립의 조성 비유

소지 형태	전체 점토의 중량 / 비가소성 원료의 중량	카올린의 중량 / 볼 클레이의 중량
반 자 기	1.10	0.75
고 압 애 자	0.85	1.50
위 생 도 기	0.97	1.40
호 텔 자 기	0.83	5.00
경 질 자 기	1.08	볼 클레이가 없음.

슬립의 조성 중 카올린의 형태와 양도 대단히 중요하다. 입자가 굵은 카올린을 사용하면 투과성이 좋기 때문에 주입 속도가 빨라지지만 강도는 줄어들고 변형은 증가된다.

또한, 카올린에 대한 점토의 비율도 대단히 중요하다. 점토가 너무 많으면 주입 속도가 너무 느리고, 카올린이 너무 많으면 슬립의 유동성이 없어 기물의 강도가 작게 된다. 그러나 슬립의 작업성이 다소 떨어지긴 하지만 입자가 작은 카올린을 선택하게 되면 점토를 사용하지 않고 주입 성형을 할 수도 있다.

(3) 압출 성형

연토를 여러 가지 모양의 단면을 가진 구금을 통하여 압출하고, 적당한 크기로 절단해서 직접 최종 제품을 만들거나 또는 절단된 것을 2차

가공을 해서 제품을 만드는 방법으로 기와, 벽돌, 화통이나 전기 전자용
애관 등을 만드는데, 대개는 진공토
련기의 앞에 제품 단면 모양의 금속
제 아궁이를 설치하여 압출한다. 소
지가 압출기를 통해서 나올 때 벽과
의 마찰로 인해 중심부의 속도가 표
면보다 빠르며, 따라서 수분 함량도
중심부가 작게 된다. 뿐만 아니라,
중심부의 소지입자는 무작위적 배
위를 하고 표면의 점토 입자는 우선
배위를 하게 된다.

기와 구금   벽돌 구금
〈구금을 통한 압출〉

오른쪽 그림은 백색소지판과 흑
색소지판을 교대로 넣어 압출한 것
으로서 벽과의 마찰로 인한 속도 구
배를 쉽게 알 수 있게 한 것이다. 그
러므로 압출 성형에서는 이러한 점
을 충분히 고려해서 변형이 생기지
않도록 주의해야 한다.

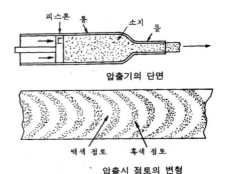

압출기의 단면

압출시 점토의 변형

(4) 가압 성형

가압성형은 공동형이 아닌 접씨나 타일 등을 만들 때 쓰는 방법으로
석고틀이나 쇠로 만든 틀에 소지토를 넣어 기계적인 힘을 가하여 성형
하는 방법인데, 습식가압성형, 반습식 가압성형, 건식 가압성형으로 나
눈다.

습식 가압성형은 석고틀이나 쇠틀에 련토를 넣고 찍는 방법이며, 반

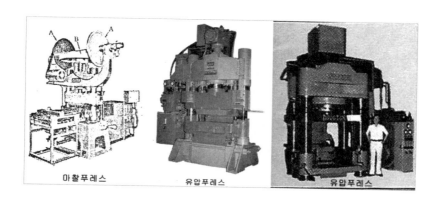

| 마찰푸레스 | 유압푸레스 | 유압푸레스 |

습식 가압성형은 보통 타일 성형할 때 쓰는 방법으로 수분이 들어 있음을 느낄 정도로 회색인 분말소지를 기계로 찍는 방법이고, 건식 가압성형은 수분함량이 극히 적은 상태의 백색 분말소지를 고압으로 찍는 방법이다.

가압성형은 주로 타일 성형에 쓰는 방법으로 옛날에는 100~200톤급 마찰푸레스((fliction press)를 많이 사용하였으나 그 후 500톤급 유압식프레스가 등장하였고 지금은 몇 천톤에서 만톤 대에 이르는 고압이므로 극소량의 수분으로 치밀한 제품을 얻을 수가 있으므로 건조수축이 없는 양질의 제품을 얻을 수 있으며, 생산능률도 높다.

(가) 건식 가압성형

틀의 재질은 주철, 금형강(die steel), 스텔라이트(stellite), 탄화텅스텐 등이 있으며 사용 원료에 따라 틀의 재질을 잘 선택해야하는데, 일반적으로 3성분계 원료와 활석 원료의 건식 가압성형에는 금형강이 많이 사용된다.

가압 성형에서 가장 중요한 것은 가압 성형 후 기물의 각 부분이 균일한 밀도를 가져야 한다는 것이다. 밀도가 균일하지 못하면 소성 후 변형

되고 불균일하게 수축된다. 소지의 유동성이 좋고 성형 기물의 밑면에 대한 높이 비율이 작아야 가압할 때 벽과의 마찰이 작아져 비교적 균일한 밀도를 가지는 기물을 성형할 수 있다.

실린더 모양의 시험편을 지름에 대한 높이의 비율을 달리해서 성형했을 때 시험편 내에 생기는 밀도 구배는 그림에서 보듯이 밑면에 대한 높이가 클수록 위와 아래의 밀도 차이가 큰 것을 알 수 있다. 이것은 일면 가압의 경우이나, 상 하 양면가압으로 압력의 차이를 반감 시킬 수 있다. 또한, 압력이 클수록 밀도가 커서 소성 후 기공률이 적고 소성 수축이 적으나 일정한 한계 이상으로 압력을 가하게 되면 막혀 있던 공기가 팽창하여 층리 현상(lamination)이 생기게 되므로 반복가압하거나 주의하여야한다.

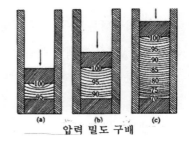

압력 밀도 구배

(나) 등압 가압성형

이 성형 방법은 원료를 유연성이 좋은 주머니 속에 넣고, 다시 이것을 액체 용매 속에서 정수압으로 성형하는 방법이다. 이 방법의 이점은 이형기물일지라도 기물의 모든 부위가 거의 균일한 밀도를 가지나 기물의 바깥 면이 정확하지 못한 단점도 있다.

소지의 용기로는 고무가 사용되며 공기는 피하 주사 바늘로 제거된다. 압력통에 채워지는 용액은

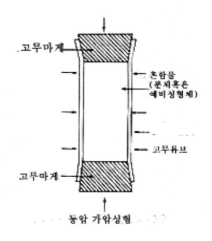

기름이나 글리세린이며, 압력은 5~10분 동안 가하게 된다. 이 성형 방법으로는 수분이나 결합재가 없어도 성형이 가능하며, 가소성이 없는 원료도 성형할 수 있기 때문에 순수한 산화물 요업체 제조에 많이 이용되고 있다.

이야기-7 : 성형의 달인

6.25 전쟁 이후 점차 변기를 사용하기 시작하였다. 1962년경 변기 사용이 늘어가는 즈음 수조(手造: 데쭈구리) 달인 한상태란 성형과장이 계셨다.

어느 날 인천 모 회사로 간다는 소문이 들리고, 사표를 내고, 등 이야기가 들리더니, 어느 날은 변기 틀 한 개를 훔쳐 내다가 경비에게 잡혔다는 것이다.

사장은 황금알을 낳는 거위를 놓칠 수 있으랴, 내 재산 모두 드려서라도 너 영창 신세 면치 못할 것이니, 갈 생각을 말아라, 하고 엄포하니 협상할 수밖에 없었다. 배신자! 갈 사람은 가야하니 3개월간 후계자를 양성해 놓고 가기로 합의를 보았다.

후계자는 도 모씨, 지금까지 그는 한 과장 조수로 6개월 정도 흙 이겨, 판을 만들고, 그 다음 석고틀에서 붙이기 알맞게 재단해 주고는 자기도 발물레 위에서 성형 연습하는 것이 일과였다.

<3개월이 지나고 한 과장은 갔다.>

어느 날 수조성형장에 들리니, 홀로 앉아 만들고 있다가 반가이 맞으면서 일어서서 하는 말이 "한 과장은 하루 80여개를 만들어 말리는데도 몇 개 깨어지지 않는데, 나는 하루 종일 20개 남짓 만드는데, 초기 일광 건조에서 반쯤 깨어지고 음지에서 완건 되었을 때는 4~5개정도 밖에 살아남지 않으니 못 해 먹겠다" (이은자리 붙이는 요령 뿐 인데)하며 물레를 발로 차며 투덜대었다.

제 7 절 건 조

건조란 성형된 기물의 내부에 존재하는 수분을 제거하는 것으로, 될 수 있는 대로 결함 없이 빨리 제거해야 하지만, 기물 표면과 내부의 수분차에 의한 응력으로 변형되거나 균열이 발생하고 심하면 파열하는 경우도 있으므로, 건조속도를 조절하여야한다.

점토는 미세하여 수축이 크므로 점토의 사용량을 줄이고 제점제인 비가소성물질을 늘이기도 한다. 석고틀의 흡수에 의하여 물을 제거하는 방법도 있으나 일반적으로 가열에 의한 증발법을 많이 쓴다.

1. 건조이론

건조과정에서 움직이는 공기는 물의 증발로 냉각된 성형체에 열을 공급하고 성형체가 건조하면서 생성된 수증기를 밖으로 내보내는 역할을 한다.

(1) 수분의 내부 이동

성형체에서 증발되는 수분은 서로 통해져 있는 작은 구멍을 통해 밖으로 나온다. 이 수분이 일정한 구조를 통과해서 나오는 속도는 그림에서 나타낸 바와 같이,

부피 흐름 속도 $= k \cdot \dfrac{\text{가동력}}{\text{흐름 저항}}$ 또는 $\dfrac{dV}{dt} = \dfrac{k(c_2{}'-c_1{}')}{dt} \cdot \dfrac{p}{\eta}$ 로 주어진다.

여기서 $\dfrac{dV}{dt}$: 부피 흐름 속도, p : 소지의 투과율, $c_1{}'$: 젖은 면의 수분 농도,
η : 물의 점도, $c_2{}'$: 건조한 면의 수분 농도, l : 수분이 통과하는 길이

위의 식에서, 일정한 물질 속에서 흐름 속도를 증가시키려면, 투과율을 증가시키거나 수분 차를 크게 하거나 물의 점도를 감소시켜야한다는 것을 알 수 있다. 소지를 부수지 않고서는 수분 차를 정확히 알 수 없다. 물의 점도는 고온으로 함으로써 감소시킬 수 있다. 그리고, 투과율은 굵은 알갱이를 사용하면 증가한다.

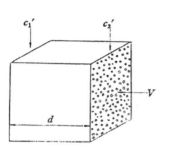

$(c_1{}'-c_2{}')/d$의 습도 차를 가
진 기공성 매체를 통한 수분의 이동

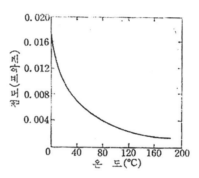

물의 점도와 온도와의 관계

(2) 수분 분포

그림은 모서리로부터 건조하고 있는 판상시료에 대한 수분 분포를 나타낸 것이다. 즉, 같은 양의 수분을 나타내는 선들은 처음에는 거의 직선이나 곧 기울기가 심한 곡선으로 되며, 이 곡선의 기울기가 곧 수분 차를 나타낸다. 이와 같이 건조가

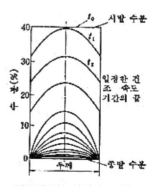

점토판 건조시의 습도 분포

천천히 진행될수록 곡률은 작아진다.

(3) 표면 증발

성형물을 건조할 때, 자유로이 통하는 표면에서의 증발 속도는 공기의 습도, 공기의 온도, 공기의 유속 등에 따라 달라진다.

(4) 건조 속도

건조시키고 있는 소지의 무게를 시간에 따라 그림으로 그린다면 부드러운 곡선으로 나타난다. 그러나, 건조 속도 또는 무게 감량 곡선의 기울기를 소지의 수분량에 따라 나타내면 그림과 같다.

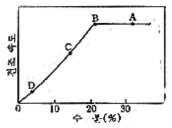
젖은 점토 건조시의 감량 속도

즉 젖어 있는 점토를 A점에서 일정한 속도로 건조하기 시작하면 B점에 이른다.

이때, 일정한 건조 속도는 유리 수면에 대한 것과 같다. 속도가 B점에서부터 갑자기 감소하여 원점에 이르게 되는데, B점은 물질이 짙은 색이나 엷은 색으로 변하는 점이다. 다시 말하면, B점까지는 표면상에서 유리된 물로 작용을 하는 연속적인 막이 존재하고, B점을 넘어서면 물이 가공 내로 더욱더 들어가서 존재하므로, 건조 속도가 더욱 느리게 된다. 이러한 단계를 점토의 구조상으로 보면 그림과 같다.

(a)

(c)

(d)

젖은 점토의 건조 단계

또 이 작용은 건조 수축과도 밀접한 관계를 가지고 있다.

소지의 건조 속도에 대한 공기의 흐름 방향을 보면, 건조체에 대하여 수직으로 바람을 보내는 것이 수평 방향보다 6배나 빨리 건조시킬 수 있다. 또 공기의 유속이 빠를수록 건조가 빨라진다. 건조체의 모양에 관해서는 판상보다 원기둥형이 빠르고 원기둥형보다 구형이 더 빨리 건조되나, 원기둥형과 구형의 차이는 원기둥형과 판상의 차이보다는 작다. 공기의 관계 습도는 적을수록 빨리 마른다. 이들은 모두 건조체의 조건에 따라 적정 값을 택해야 할 것이다.

(5) 균열과 습식 건조

고온이면 물의 점도가 낮아져서 성형체의 건조가 더욱 빨라지는데, 대부분의 경우 갓 성형된 것은 고온에서 물이 빨리 증발하므로 성형체에 금이 가게 된다. 따라서 포화 증기 속에서 가열하여 증발하는 물의 양을 감소시킨다. 충분히 가열이 되면 성형체에 응력이 걸리지 않는 범위 내에서 습도 감소가 빨라지게 된다.

슬립이나 필터 케이크를 타일 더스트(tile dust)의 상태로까지 건조시키는 공정에서는 최고 효율을 얻는데 목적을 두고 있다. 가열 방법과 건조 속도는 적절히 조절하면 되지만 소성 전의 소지의 건조에서는 변형과 균열의 방지가 중요하다.

건조 초기의 급격한 습도 변화는 평균 습도가 적었을 때보다 매우 위험하다. 이것은 대개의 소지는 습도 5% 이하일 때 보다 10~15% 일 때 건조 수축이 크기 때문이다. 따라서 건조 공정의 초기 단계는 위험한 단계이며, 습도 변화에 의한 최대의 응력이 일어난다.

습도가 5%이하일 때에는 균열이 주로 중심부와 바깥 축과의 열팽창 차에 따라 일어난다. 따라서 건조 공정 중 중요한 것은 소지 중 습기의 확산 속도와 표면으로부터의 증발 속도의 비율이다.

　내부 확산이 어려운, 두꺼운 소지의 균열을 막기 위해 표면 증발을 조절하여야 하는데 이럴 때 공기의 습도를 증가시켜 건조 속도를 조절한다.

(6) 건조 수축
(가) 건조 수축의 기구

　그림에서 건조가 A점에서 시작하면 B에 이를 때까지 떨어져 나간 수분과 같은 양의 부피가 고르게 감소하고 그 후에는 더 이상 부피의 변화가 일어나지 않는다. 여기서, A, B점을 연결하면 이 선은 원점과 45℃의 각도를 나타낼 것

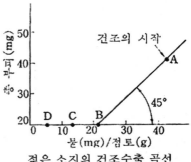

젖은 소지의 건조수축 곡선

이다. A와 B사이에서 떨어져 나간 수분은 알갱이 사이에서 나온 것이므로, 그들이 B에서 접촉할 때까지 서로 가까워지지만 그 이상 합쳐지지는 않는다. B에서 C까지는 총 부피에 변화가 없으며, 증발한 수분은 구멍에서 나온 것이다. 급속히 건조한 소지는 천천히 건조한 소지보다 수축이 적다. 그러나 소지 중의 수분 확산속도와 표면 증발 속도가 같지 않을 때 금이 가기 쉽다. 가소성은 여러 인자에 영향을 끼치므로 가소성과 건조 수축을 직접 관계 짓기는 어려우나 일반적으로 알갱이가 작은 점토일수록 수축률은 크다.

　위생도기의 주입 성형 소지와 여러 성형 소지의 건조 수축을 비교하면 다음 표와 같다. 위생도기의 주입 때, 건조 소지의 생산량 100kg당 37.3-20.1=17.2kg의 수분은 직접 석고틀에 흡수되지만, 20.1kg수분

의 대부분은 주입 소지로부터 증발시킬 필요가 있다. 주입 소지 수분 (20.1kg)의 29.35%, 즉 20.1-14.2=5.9kg의 수분의 증발은 수축 기간과 관련하므로 균열에도 조심해야 할 기간이다.

소지의 종류에 따른 수축률(%)

성 형 조 건	수분 함유량	수분의 부피		선수축 건조
		총 부피 기준	고체 부피 기준	
주 입 슬 림	37.3	49.4	97.5	
주 입 소 지	20.1	34.4	52.6	} 3.5
수축 후의 소지	14.2	24.2	37.1	
가 소 성 점 토	30.0	44.0	79.0	} 5.0
수축 후의 소지	20.3	29.7	53.0	

(나) 건조 수축을 감소시키는 방법

수축은 성형물에 금이 가게 하거나 비틀어지게 하는 원인이 되므로, 심한 수축에 따른 이러한 결점을 막아야 한다. 이 수축을 막는 가장 보편적인 방법으로는 비가소성 물질을 첨가시키는 방법이다. 즉, 비교적 굵은 물질이 한 무리의 소지 알갱이에 대치됨으로써 수막의 물을 감소시키고, 같은 부피의 안정 알갱이와 결합된 막을 감소시킨다. 그러므로 굵은 알갱이로 된 소지는 수축이 훨씬 적다.

또, 판상 점토의 배위로 인해서 주입 소지는 가소성 소지보다 표면 방향으로의 수축이 적다. 고압 성형을 하면 수막이 매우 적어지므로, 건조 수축을 줄일 수 있다. 예를 들면, 건식 가압성형 소지는 건조 수축이 감지할 수 없을 정도로 적음을 알 수 있다.

(다) 선 수축과 부피 수축

선 수축을 부피 수축으로 전환시킬 필요가 있다. 변화가 적을 때에는 1 : 3이지만 더욱 커짐에 따라 이 비율에서 훨씬 벗어난다.

그림과 같이, 단위 육면체에 7개의 조각을 붙여 더 큰 육면체를 만들어 보면 알기 쉽다.

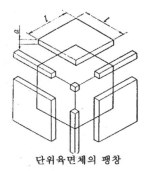

단위육면체의 팽창

$$\text{육면체의 마지막 부피} = \frac{l}{100} + 1 \quad \cdots\cdots\cdots\cdots\cdots (1)$$

다시 7개의 조각의 부피를 합친 것으로 나타내면,

$$1 + 3\left(\frac{a}{100}\right) + 3\left(\frac{a}{100}\right)^2 + \left(\frac{a}{100}\right)^3 = \left(1 + \frac{a}{100}\right)^3 \cdots (2)$$

식 (1)과 (2)에서

$$\frac{l}{100} + 1 = \left(1 + \frac{a}{100}\right)^3$$

그러므로, $\sqrt[3]{\dfrac{l}{100} + 1} = 1 + \dfrac{a}{100}$

$$\frac{a}{100} = \sqrt[3]{\frac{l}{100} + 1} - 1$$

$$a = 100\left\{\left(\sqrt[3]{\frac{l}{100} + 1}\right) - 1\right\}$$

여기서, l : 부피 팽창(처음의 부피에 대한 %), a : 선팽창(처음의 육면체 면에 대한 %), 1 : 육면체의 처음 부피

같은 방법으로, 선 수축을 부피 수축으로 바꾸는 데에는 다음과 같은 방정식을 유도할 수 있다.

$$l = 100\left\{\left(\frac{a}{100} + 1\right)^3 - 1\right\}$$

이와 같이 수축 계산의 기초에 관해서는 혼동이 많다. 즉, 10mm 길이의 점토가 1mm수축했을 때, 처음 길이에 기준을 두면 선 수축은 10%이나, 수축 후의 길이에 기준을 두면 11%가 된다. 따라서 이 계산의 기준은 언제나 밝혀야 하는데, 특별히 따로 밝히지 않았을 때에는 처음 길이에 기준을 둔 것이다.

원료의 건조 수축

점 토	가소 상태에서의 선 수축(%)
카 올 린	5~8
카올린(수비)	3~10
보 올 클 레 이	5~12
플 린 트 점 토	0.5~6
내 화 갑 점 토	2~11
보도, 기와 점토	1~6
토 관 점 토	2~7

(7) 건조 강도

건조 강도는 건조기에서 가마에 이르는 사이에 건조 소지를 다루기 쉽게 하는데 중요한 성질이다. 알갱이가 작고 몬모릴로나이트가 들어 있는 점토의 건조 강도가 가장 크다. 건조 강도에 영향을 주는 원인에 대해서는 많은 연구가 있으나, 가장 믿을 만한 것은, 점토 알갱이의 평판들이 합치게 될 경우에 평판 사이에 작용하는 반데르바알스의 힘에 의한 것으로 생각된다. 이 힘은 충분히 큰 것이어서, 평판의 모서리가 평평하게 되도록 정돈하게 한다는 사실은 매우 중요한 일이다.

건조강도에 영향을 주는 인자는 조성, 조직, 기공률, 결합력, 혼합방법, 소지의 형상, 건조 전의 수분, 전해질과 같은 첨가물, 성형방법, 성형체의 형상, 건조방법 및 건조의 정도 등이다.

건조 소지의 강도는 전해질의 첨가로 증가한다. 강도 증

원료의 건조 강도

점 토	강 도 (kg/cm^2)
덕산 점토 (갈색, 수비)	30.95
덕산 점토 (흰색, 수비)	32.31
해남 점토 (회색, 수비)	8.05
목절 점토 (회색, 수비)	17.34

진의 순위를 활성의 차래로 보면 수산화나트륨, 규산나트륨, 탄산나트륨, 타닌산, 수산화칼슘이다. 알칼리 점토는 이에 해당하는 산성점토 보다 강도가 크다. 즉 흡착 이온의 형태에 따라 좌우된다. 예를 들면, Na+를 흡착한 점토는 당량 수소를 흡착한 것보다 약3배나 강도가 크다.

(8) 기공성

건조물의 기공률은 전해질의 존재에 따라 변한다. 일반적으로, 알칼리는 기공률을 감소시키나, 수산화칼슘은 증가시킨다. 산류는 소량 있으면 기공률을 증가시키지만, 많으면 감소시킨다.

(9) 스컴(scum)

유약면에 광택을 잃는 현상으로 가용성 염류의 검출에 의한 것과 응축에 의한 표면 석출물로 석고틀의 건조시에 생기는 백화, 소성 중에 가마 가스의 응축 또는 화학 반응에 의하여 생기는 킬른화이트 (kiln white) 와 소성 후에 생기는 염 등이 있다.

스컴(scum)의 원인은 소지 중의 가용성 염류, 특히 황산칼슘 ($CaSO_4$), 황산마그네슘($MgSO_4$), 황산칼륨(K_2SO_4), 황산나트륨 (Na_2SO_4), 황산제일철($FeSO_4$), 황산알루미늄 [$Al_2(SO_4)_3$] 때문이고, 때로는 그들의 염화물, 질산염인 경우도 있다.

또, 혼입 물질 중 가용성 염류, 석탄가루 등에 의해서도 일어난다. 알칼리성 스컴은 비누의 사용에 의하여 생긴다.

소지의 기공률은 그다지 영향을 주지 않으나, 통수율은 가용성 염류를 표면으로 운반하므로 중요하다. 흰색의 스컴이 가장 많고, 여러 가지 원인에 따라 회색, 노랑색, 갈색, 파란색, 녹색 등인 것도 있다.

2. 건조 장치

(1) 형식

성형 이전의 원료. 점토 또는 소지토를 건조할 때에는 어떤 건조기에서나 다 할 수 있지만, 성형품을 건조할 경우에는 균열 및 운반 중의 파손 방지 등을 위해서 건조기가 한정되어 있으며, 온돌형, 상자형, 터널형의 건조기가 있다.

(가) 온돌형 건조장치

벽돌, 그 밖의 큰 물건을 건조하는데 사용한다. 콘크리트 바닥 밑에 온돌과 같은 골을 파서 불을 때거나 증기관으로 가열하는 방식이다. 이 건조법은 가열이 고르지 않고, 바닥 넓이에 비하여 건조 능력이 적다. 온돌식 건조실을 소성 가마 위에 설치하여 폐열을 이용하는 수도 있다.

(나) 상자형 건조 장치

두꺼운 소지를 비교적 소규모로 건조하는데 사용하는 것으로, 건조실에 배치한 증기관을 가열한다. 일반적으로, 한 건조 공정에서는 건조 조건을 바꾸지 않는다. 또, 짧은 환기통이 있을 뿐이므로 환기는 불충분하다. 원하는 건조 공정표에 따라 건조실 내의 조건을 변경하지 않으면 안된다. 이와 같이 번잡한 절차가 필요하지만, 건조 조건의 조절은 터널가마의 경우보다 더 정확하게 할 수 있으므로, 비교적 소규모의 특수 재료의 건조에 적합한 장치이다.

(다) 터널형 건조 장치

합리적이고 대량생산에 적합한 건조 장치이다. 상자형 건조 장치는 가열 공기와 건조할 재료와의 접촉하는 시간이 짧다. 이 접촉 시간을 될 수 있는 대로 길게 하고, 공기가 가진 열량을 충분히 이용할 수 있게 한 것이 터널형 건조 장치이다. 건조 공정에서 건조 조건을 점차 자동적으로 변경할 수 있는 것도 터널형 건조장치뿐이므로, 성형품의 건조에는 가장 적당한 건조 장치이다.

성형품의 건조에 있어 터널 내의 공기와 성형체와는 향류로 이동하는 것이 보통이자만, 성형체에 대한 공기의 상대 속도를 크게 하고, 건조를 촉진하기 위해서 공기를 선회 순환시키는 경우가 많다. 이렇게 하기 위해서, 터널 측면의 여러 곳에 송풍기와 선회공기의 통로가 있다. 다만, 가열식 터널 건조기의 소지는 출구에서는 냉각대로부터의 열풍이나 수증기로 가열하고, 중앙부에서는 폐증기로 열을 공급하며, 입구에서는 저온 다습한 건조기의 폐기를 건조매로 하는 습식 건조 공정으로 되어 있다.

(2) 폐열이용

소성 가마의 가마벽으로 부터 복사, 대류에 의한 손실열을 이용하여 가마 위 또는 가마 옆에 건조 장치를 설치하는 수도 있고, 리프트에 제품을 실어 가마주변을 돌아오게 하는 방법과 터널 가마의 냉각탑으로부터의 회수열을 이용하는 수도 있다.

터널 가마와 터널 건조기를 한 대차의 간격을 두고 같은 궤도 위에 설치하여 대차의 가동을 조절하면, 건조와 소성의 두 공정 사이에서 가마 재임한 물건의 손질을 할 수 있어 편리할 때가 많다.

터널 가마의 냉각대에서 송풍기로 끌어낸 깨끗하고 가열된 공기는 직접 건조기에 보내지 않고, 건조기의 송풍기로 건조기 안으로 보냄으로써 가마 통풍의 간섭을 피할 수 있다. 증기관 또는 열수관을 사용하는 건조 장치에서는 폐열 보일러를 이용한다.

제 8 절 시유(施釉)

유약 바르는 것을 시유라 한다. 시유방법을 유약의 상태에 따라 건식법, 습식법, 증발법 등으로 나누는데, 습식법인 담구어 바르기, 흘려 바르기, 품어 바르기가 가장 많이 쓰인다.

1. 시유방법

(1) 담구어바르기 (沈掛法: dipping process)
_{침 괘 법}

유약을 슬립상태로 만들어, 여기에 건조된 성형품을 담구어 바르는 방법이다. 이 방법은 바르기 쉽고 균일하게 시유되므로 가장 많이 쓰여 왔던 방법이다.

(2) 흘려바르기 (流塗法: pouring process)
_{유 도 법}

슬립상태의 유약을 기물위에 쪽박으로 떠서 부어 흘려서 유약을 바르는 방법으로, 기와와 같이 넓은 면을 가진 기물에 쓰여 왔으나, 도예에서 쓰일 뿐 공업적으로는 자동화가 어려우므로 분무시유로 바뀌고 있다.

(3) 뿜어바르기(噴霧法:spray process)

슬립상태의 유약을 분무기로 뿜어서 바르는 방법으로 균일한 시유는 담금법 보다 못하나 특히 타일 등의 자동화에 이용되고 있다.

(4) 그밖의 방법

(가) 솔질법 : 붓이나 솔에 유약의 현탁액을 묻혀 칠하는 방법이다.

(나) 튕김법 : 손에 슬립(유약의 현탁액 : 니장)을 묻혀 손가락으로 튕겨 바르는 방법으로 의도적으로 부분 반점을 형성시켜 미적 효과를 나타내는 방법이다.

(다) 체질법 : 건식 시유법으로, 유약가루를 체로 쳐서 기물 표면에 부착시키는 방법이다.

(라) 증발법(蒸發法) : 휘발법(揮發法)이라고도 하는데, 성형품을 가마에 쌓고 소성품이 1000℃이상이 되었을 때 불아궁이에 소금을 뿌려 생성된 Na_2O가 성형품 표면에 증착되도록 하여 규산염의 엷은 층 유리질을 형성시키는 방법이다.

〈자동 시유기〉

사방에서 뿜어나오는 시유실로 들어가는 장면

왼쪽의 기물을 찍어 유약 슬립 속에 담구었다가 올리는 장면

2. 유약 슬립이 갖추어야 할 조건

시유할 때에는 유약 슬립의 비중을 잘 맞추어야 한다. 유약의 두께는 품질에 큰 영향을 끼치게 되므로 매우 중요시하고 있다.

유약이 지나치게 두꺼우면 소성 후 흘러내리고, 너무 얇으면 바닥 소지가 드러나서 매끈하지 못하다.

두께를 조절하기 위하여 유약의 비중을 측정하는 데에는 보메 비중계가 많이 쓰이며, 기구에 의해 유약의 두께를 측정하거나, 내장 타일의 경우 유약을 벗겨 무게를 달아 봄으로써 면적당의 기준 값과 비교해서 두께를 알맞게 맞춘다. 모자이크 타일의 경우에는 옆면을 절단하여 육안으로 측정하거나 버니어 캘리퍼스로 두께를 측정한다.

유약슬립의 구비해야할 성질을 보면 다음과 같다.

① 침강 속도가 느려야 한다.

② 평평한 표면으로 흐를 수 있도록 유동성(낮은 점도)이 커야 한다.

③ 유약 층이 벗겨지지 않게 하기 위해서는 슬립 상태의 항복점(yield point)이 커야 한다.

⑤ 건조할 때 수축이 작아야 한다.

⑥ 건조 상태에서 탄성이 커야 한다.

⑦ 숙성과 더불어 슬립의 성질 변화가 작아야 한다.

위의 조건들은 슬립의 비중, 인자의 크기, 현탁액의 pH, 점토의 종 류 등을 신중히 조절하고, 수용성의 유기 접착제를 첨가함으로써 만족시킬 수 있다.

제 9 절 소 성

　우리나라는 삼국시대를 제외하고는 전 돌에 이르기까지 거의 붉은색
의 도자기를 볼 수 없을 정도로 환원불꽃소성을 고집하였다. 이것이 세
계에서 가장 뛰어난 청자를 만드는 기반이 된 것이다. 일본을 보면 고육
요로부터 거의가 산화불꽃에서 구운 암갈색의 석기류들이며, 중국도 하
남의 경덕진 등 환원소성으로 이루어지는 청자를 만들었으나 화북은자
금성에서부터 고적지의 벽돌로 만든 탑 등 모두가 산화불꽃소성의 붉은
색의 제품이 많고 환원불꽃소성의 제품은 보기 드물다. 유럽 쪽은 환원
불꽃소성의 흔적이 없다

　소성은 도자기 제조에서 최종의 공정이라 할 수 있으며, 경비가 가장
많이 들고 수율은 성패를 결정하는 가장 중요한 공정이라 할 수 있다.

　옛 부터 우리나라에서는 자기와 도기를 한 가마에서 참구이 한번으
로 끝내는 단소성을 하였으므로 도자기란 이름으로 설명하는 것이 무난
하나, 지금은 자기와 도기의 소성법이 다르며, 도기는 굳힘구이 한 다음
유약구이 하는 복소성법을 쓰고 있으므로 도기와 자기를 구별해야 할
경우가 많다.

1. 소성의 종류

(1) 초벌구이(素燒)

성형 후 건조된 기물은 강도가 약해 기물을 취급하기가 어려울 때 충분한 강도를 가지도록 하고, 유약의 흡수성을 좋게 하기 위해 하는 소성을 초벌구이라고 한다. 초벌구이 성형체는 다시 손질한 후 밑그림을 그리고 시유한 다음 참구이를 하게 된다. 초벌구이 온도는 기물이 참구이 온도에 따라 다르지만, 식기용 자기는  700~900℃이며, 산화불꽃 분위기에서 소성한다. 가마재임은 유약을 바르지 않았기 때문에 포개어 재어도 된다.

(2) 참구이(本燒)

자기 소성에서 유약을 바른 다음 제품을 완성하는 소성을 참구이라 하는데, 현장에서는 거의 참구이 한번으로 완성하나, 취급상 강도를 요하는 제품이나, 흡수성이 적어 시유가 어렵거나, 도예에서는 초벌구이 한 다음 참구이하는 경우가 많다. 처음부터 끝까지 산화불꽃으로 소성하는 산화자기는 큰 제품이나, 두꺼운 제품을 제외하고는 거의 직선적으로 온도 상승을 시켜도 무방하고 어렵지 않으나, 우리나라의 도자기는 대부분 백색을 얻기 위하여 환원자기 소성법을 쓰고 있으므로, 어려운 환원소성에 대하여 알아보기로 한다.

(가) 말림불질

흡착수는 200℃까지에서 방출 된다. 이 시기에는 통풍이 잘 안되고, 수분이 기물 위에 머물러, 아황산가스와 작용하여 스캄이 생기기도하고 변색이 이러난다. 또한 온도상승이 급하면 수분이 내부로부터 표면에 이동되기 전에 내부에서 증기가 되어 급격히 부피가 증가함에 따라 갈라지거나 심하면 파열하기도 한다.

450~700℃가 되면, 결정수의 탈수가 일어난다. 흡열반응으로 인하여 온도가 잘 오르지 않으므로 열량을 충분히 공급하여야 한다.

800℃전후부터, 소지 안이나, 표면에 부착되어 있는 유기물로부터 생성한 탄소를 산화시켜 방출시켜야한다. 소지내부에 탄소를 함유한 채 소결하면, 투광성이 나빠지고, 다포성의상태로 부풀음이 생긴다. 또한 탄산염, 황산염도 미분해 상태에서 소결되면 위와 같은 결점이 생기므로 다량의 공기를 송입하여 산화를 완전히 시켜야한다.

말림불질	그으름불질	마감불질
배소(培燒) 산화불꽃(酸化焚) 연료+공기=CO_2+O_2 (완전연소+과잉공기) Fe_2O_3	공분(攻焚) 환원불꽃(還元焚) 연료+공기=CO_2+CO+C (불완전연소) $Fe_2O_3 \rightarrow FeO$	분상(焚上) 중성불꽃(中性焚) 연료+공기=CO_2 (완전연소) Fe_3O_4
건조	소결	자화
↑ 온도 　시간 →	참구이환원소성곡선	

(나) 그을음불질

그을음을 많이 일으켜 환원 분위기를 조성하여 소지 중에 들어있는 산화제2철을 제1철로 환원시켜 청색으로 변화시키는 단계로 이는 백자 제조의 보색의 단계이다. 소지의 수축이 급격히 증가하여, 특히 기물이 클 때는 각부의 수축이 불균일하여 변형하므로 주의 하여야 한다.

900~1200℃ 정도로 불완전연소이므로 온도상승이 잘 되지 않는다. 장석은 1100℃ 이상에서 용융을 시작하며, 동시에 다른 성분을 서서히 녹여 들어간다. 여기서 소결은 촉진되고 수축은 커진다.

(다) 마감불질

완전 연소시키는 단계이므로 연소효율이 높아 온도상승이 잘된다. 카올린으로부터 멀라이트가 대량으로 생성 정출하는 온도는 1250℃ 부근이다. 석영은 크리스토벨라이트로 서서히 전이(轉移)한다. 용융장석 이외에 알카리나 알카리토류의 염류가 들어 있을 경우도 위의 석영은 크

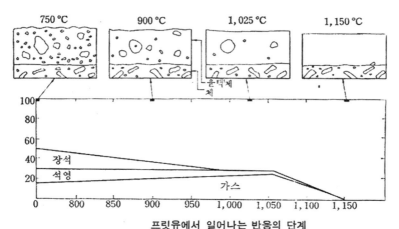

프릿유에서 일어나는 반응의 단계

프릿유의 이력 : 위의 그림은 여러 온도에서의 유약과 소지의 얇은 조각을 나타 내고, 아래 그림은 여러 성분의 부피를 나타낸 것이다.

리스토벨라이트로 반응 하여 유리질을 형성한다. 과열되면 찌그러짐으로 종결온도에 세심한 주의를 하여야 한다.

(라) 냉각변화

냉각 또한 빠를 때 제품에 크게 영향을 주므로 주의하여야한다. 예를 들면 소성후의 제품에 석영을 함유할 경우 570℃전후, 트리디마이트를 함유 할 때는 115~165℃전후, 크리스토벨라이트를 함유 할 때는 240~280℃전후를 주의해서 냉각시켜야한다. 특히 대형기물에서는 냉각을 빨리하면 깨어지기 때문이다.

(바)소성곡선

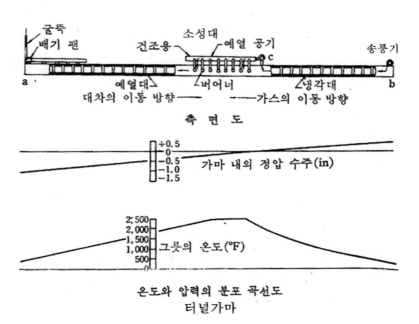

측 면 도

가마 내의 정압 수주(in)

그릇의 온도(°F)

온도와 압력의 분포 곡선도
터널가마

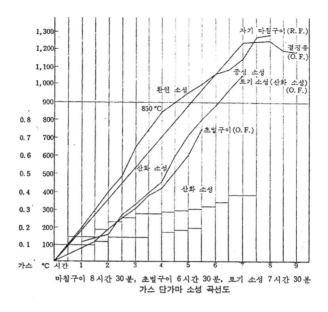

마침구이 8시간 30분, 초벌구이 6시간 30분, 토기 소성 7시간 30분
가스 단가마 소성 곡선도

(3) 굳힘구이

체소(締燒)라고도 하는데, 도기제조에서 충분한 강도를 갖게 하기 위하여 유약을 바르지 않고 1150~1250℃의 온도에서 소결시키는 소성법을 굳힘구이라 부른다. 자기소성의 초벌구이에 해당하므로 고온 초벌구이라고도 할 수 있으며, 산화불꽃 소성을 하므로 초벌구이와 같은 요령으로 소성작업을 하면 된다.

(4) 유약구이

유소(釉燒)라고도 하는데, 굳힘구이 한 다음 유약을 발라 1050~1150℃로 굽는 소성을 말한다. 자기소성의 참구이에 해당하므로 저온참구이라고도 할 수 있다. 산화 소성을 하므로 소지 중의 철분이 산화되어 산화제2철의 적색 또는 노란색을 띄기 쉬우므로 소지나, 유약에 산화코발트를 넣어(불루잉) 보색효과로 소색을 한다.

(5)장식구이

밑그림 장식은 산화코발트에 의한 청색, 산화크롬에 의한 녹색, 산화철에 의한 적색, 갈색, 흑색과 진사(구리)등 몇 가지 색에 제한되므로, 다양한 색을 얻으려면, 백색 도자기로 완성된 제품에 그림을 전사 하거나, 손으로 그린 다음 다시 소성하는 작업을 장식구이라 한다.

명나라 장식 도기

장식구이의 온도는 채색료에 따라서 다르지만 보통 750~850℃이며, 산화 분위기에서 소성한다.

2. 가마재임

요적(窯積)이라고도 하며, 가마 안의 공간에 소성할 제품을 쌓는 작업을 말한다. 가마안의 공간을 효과적으로 이용하기 위한 방법으로 갑재임과 선반재임이 있다.

도구로는 내화갑과 내화판이 있다. 재질로는 샤모트(점토질:$Al_2O_3 \cdot 2SiO_2$)질, 멀라이트($3Al_2O_3 \cdot 2SiO_2$)질, 카아보런덤(SiC)질, 코오디어라이트($2MgO \cdot 2Al_2O_3 \cdot 5SiO_2$)질 등이 있다.

(1) 갑재임

불연속 단가마를 사용할 때 많이 쓰던 방법으로, 목적은 기물을 지탱하며 가마내의 공간을 충분히 활용하고, 불꽃, 재, 그을음 등을 보호하고, 열충격을 막아주는 역할을 하므로 제품에 안정성을 높인다. 조건으

내화갑　　　　　　　　　　　　　갑재임 장면

로는 열 분포나 내부응력을 고려하여 두께가 골라야하고, 기물의 무게를 지탱할 만큼 강도가 충분해야하고, 엷게 하여 열전도도나 체적부피를 줄여야한다. 재질로는 샤모트질을 많이 사용하고 있다. 그 조합 예를 보면 다음 표와 같다.

샤모트질 내화갑의 조성

원 료	1	2	3	4	5	6
점 토	30	20	20	20	75	60
내 화 점 토	-	-	10	30	-	30
카 올 린	15	20	15	15	-	-
샤모트 0.8~3.2mm	40	45	-	35	15	10
샤모트 3.2~6.4mm	15	15	55	-	10	-

(a) 접시 초벌구이

(b) 접시 초벌구이

(c) 초벌구이 컵

(d) 접시 참구이

(e) 접시 참구이

(f) 컵 참구이

(g) 타일 유약구이

(h) 접시 유약구이

(i) 접시 유약구이

(j) 페어리언 유약구이

(k) 대접 참구이

(l) 꽃병 참구이

여러가지 재임 방법

단가마 선반재임 장면　　　　　터널가마 대차에 재임한 그림

(2) 선반재임

선반용 가마도구를 붕판 이라 하는데, 붕판 재질로는 탄화규소질이 견고하고 내화도도 높으므로 많이 사용하고 있으나, 값이 비싸고 산화에 의한 소모가 큰 것이 결점이다.

코디어라이트질의 내화판은 열팽창계수가 낮아 좋으나, 연화온도가 낮기 때문에 용도가 제한되어, 초벌구이나 비교적 저온으로 소성하는 도기 유약구이에 쓰이고 있다.

(3) 가마도구

우리나라 전통도자기는 유약을 바른 후 굽의 유약을 닦아내고 소성하므로 도침 등 몇 가지 보조도구가 있을 뿐이지만, 서양식의 도기제조법은 유약구이 할 때 소지가 다공질이므로 물을 흡수하지 않도록 굽에도 유약을 발라야 하므로 스틸트(stilts)란 여러 가지 보조도구를 사용하고 있다.

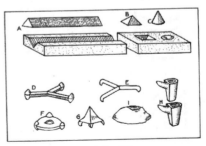

여러 가지 스틸트

3. 온도측정

(1) 제겔추

용도(鎔倒)에 의한 방법으로, 열에 의해 연화되어 추의 끝이 바닥에 닿았을 때의 온도를 추 번호의 온도로 규정하는 방법이다.

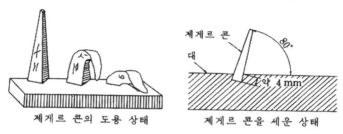

제게르 콘의 도용 상태　　제게르 콘을 세운 상태

(2) 열전쌍고온계

두 가지 다른 금속을 연결하고 그 접점부를 고온부에 넣으면 기전력이 생기고, 그 기전력을 미리볼트계로 측정하는 방법이다.

즉, 두 가지 다른 금속으로는 백금과 백금-로듐의 합금을 사용 하는데, 이 부분을 열전쌍이라 하고, 미리볼트계의 수치를 온도수치로 바꾼 것을 온도계라 하며, 두 부분으로 나눈다.

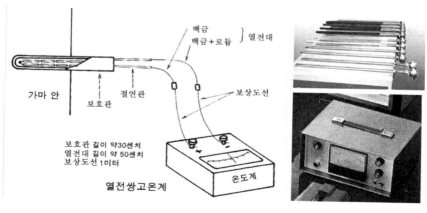

열전쌍고온계

(3) 광고온계

전구의 필라멘트에 전류를 천천히 올리면, 필라멘트의 붉은 색에서부터 황색으로 변한다. 그 색을 가마 안의 기물의 색과 같아지게 된다. 이때의 전류치를 온도치로 바꾸어 읽게 만든 것이 광고온계의 원리이다.

(4) 색견(色見)에 의한 측정

직접 눈으로 불의 색을 보고 온도를 추정하는 경우도 있으나, 많은 숙련을 요하므로, 소규모공장에서는 소성 마무리시기에 색견편(色見片)을 내어보고 소성상태를 파악하는 경우도 많다.

소지토로 만듦   같은 소지와 유약으로 만듦

(1) 색견대   (2)색견편   (3) 색견편 내는 고리

색견편과 도구

제겔추		추	오톤추		제겔추		추	오톤추	
화씨	섭씨	번호	섭씨	화씨	화씨	섭씨	번호	섭씨	화씨
1112	600	022	605	1121	2084	1140	3 a		
1202	650	021	615	1139			3	1170	2183
1238	670	020	650	1201	2120	1160	4 a		
1274	690	019	660	1220			4	1190	2174
1310	710	018	720	1328	2156	1180	5 a		
1346	730	017	770	1418			5	1205	2201
1382	750	016	796	1463	2196	1200	6 a		
1454	790	015 a					6	1230	2246
1490	815	015	805	1481	2246	1230	7	1250	2282
		014 a			2282	1250	8	1260	2300
1535	835	014	830	1526	2336	1280	9	1285	2345
		013 a			2372	1300	10	1305	2381
1571	855	013	860	1580	2408	1320	11	1325	2417
		012 a			2462	1350	12	1337	2439
		012	875	1607	2516	1380	13	1349	2460
1616	880	011 a			2570	1410	14	1398	2548
		011	895	1643	2615	1435	15	1430	2606
1652	900	010 a			2660	1460	16	1491	2716
		010	905	1661	2696	1480	17	1512	2754
1688	920	09 a			2732	1500	18	1522	2772
1724		09	930	1706	2768	1520	19	1541	2805
	940	08 a			2786	1530	20	1564	2847
1760		08	950	1742			23	1605	2921
	960	07 a			2876	1580	26	1621	2950
1796		07	990	1814	2930	1610	27	1640	2984
	980	06 a			2966	1630	28	1646	2995
1832		06	1015	1859	3002	1650	29	1659	3018
	1000	05 a			3038	1670	30	1665	3029
1868		05	1040	1904	3074	1690	31	1683	3061
	1020	04 a					31½	1699	3090
1904		04	1060	1940	3110	1710	32	1717	3123
	1040	03 a					32½	1724	3135
1940		03	1115	2039	3146	1730	33	1743	3169
	1052	02 a			3182	1750	34	1763	3205
1976		02	1125	2057	3218	1770	35	1785	3245
	1080	01 a			3254	1790	36	1804	3279
2012		01	1145	2093	3317	1825	37	1820	3308
	1100	1 a			3362	1850	38	1835	3335
2048		1	1160	2120	3416	1880	39	1865	3389
	1120	2 a			3488	1920	40	1885	3425
2084		2	1165	2129	3560	1960	41	1970	3578
					3632	2000	42	2015	3659

註: 콘(추)으로는 정확한 온도를 측정할 수 없으므로 내화도의 수치로 대략의 온도를 표시한다.

푸른 자기(磁器) 연적자(硯滴子)

어느 한 청의동자(靑衣童子)	幺麼一靑童
고운 살결 백옥 같구나	緻玉作肌理
허리 굽실거리는 모습 공손하고	曲膝貌甚恭
얼굴과 눈매도 청수(淸秀)하구나	分明眉目鼻
종일토록 게으른 태도 없어	竟日無倦容
물병 들고 벼룻물 공급하네	提瓶供滴水
내 원래 풍월 읊기 좋아하여	我本好吟哦
날마다 천 수(千首)의 시 지었노라	作詩日千紙
벼루 마르매 게으른 종 부르면	硯涸呼倦僕
게으른 종 거짓 귀먹은 체하였네	倦僕佯聾耳
천 번 불러도 대답이 없어	千喚猶不應
목이 쉰 뒤에야 그만두었지	喉嗄乃始已
네가 옆에 있어 준 뒤로는	自汝在傍邊
내 벼루에 물 마르지 않았다오	使我硯日泚
네 은혜 무엇으로 갚을쏜가	何以報爾恩
삼가 간직하여 깨지 않으려 하노라	愼持無碎棄

이규보(동국이상국집 제13권)
- 한국고전번역원 - 한국고전종합DB)

국보 제270호 청자 모자(母子)원숭이모양 연적
(2014년 국보 동산 앱사진) – 문화재청

제 5 장

유약(釉藥)

유약이란 도자기의 표면에 연속적으로 녹아 붙어 있는 유리질물질을 말하며, 때로는 유리질의 표면에 엷은 결정을 형성시키거나 유약내부에 미립을 석출시킨 것도 있다. 유약은 소성온도가 낙소와 같이 800℃전후에서부터 고화도자기에서는 1500℃ 정도로 매우 넓으므로 유약의 종류 또한 다양하다.

유약은 유리와 같이 일정한 화학조성을 가지고 있지 않으며, 유리에 비하여 알루미나 성분이 많고 알카리 성분이 적고 소성온도가 높기 때문에 물리 화학적으로 매우 강하다. 유리는 보통 균질, 비결정질, 등방성이고, 빛에 대해 투과성인 것을 말하며, 용용한 물질이 결정화하지 않은 상태에서 냉각하여 생긴 이른바 과냉각 상태의 것을 말한다. 유약을 바르는 목적은 강도를 증가시키고 물이나 공기의 투과를 막고 오염방지나 이를 쉽게 제거하는 등 실용적인 의의와 미적효과를 높이기 위한 장식적 의의를 가지고 있다.

제 1 절 유약의 종류

유약은 도자기의 종류에 따라 낙소(樂燒)유, 도기유, 석기유, 자기유 등으로, 매용원료에 따라 장석유, 활석유, 석회유로, 유약의 성질에 특수한 영향을 주는 성분에 따라 납유, 붕산유 등으로, 제조방식에 따라 생유, 프릿유, 식염유(증발유)로 나눈다. 또 용융성에 따라 이용, 난용으로 분류하거나 융착 온도를 나타내는 제겔콘의 번호로 분류하기도 하고 기원 또는 생산지의 명칭, 연구자의 이름을 따서 분류하는 방법 등이 있으며, 또 유약의 표면특성에 따라 광택유, 매트유, 반매트유, 표면결정유, 내부결정유, 유백유 등으로도 분류한다.

유약조성에 따라 분류하면 다음과 같다.

유약 {
　생유(raw glaze) { 납유 / 브리스톨유
　프릿유(frit glaze) { 납유 / 납 없는 유약
　증발유 { 식염유 / 반점유
}

유약의 화학식은 일반적으로 $R_2O + RO \cdot xR_2O_3 \cdot yRO_2$로 표시한다.

산화물의 분류

염기성 산화물			중성 산화물	산성 산화물
R_2O	RO		R_2O_3	RO_2
K_2O	PbO	Mno	Al_2O_3	SiO_2
Na_2O	CaO	CdO	B_2O_3	TiO_2
Li_2O	MgO	CuO	Fe_2O_3	SnO_2
Cu_2O	BaO	CoO	Sb_2O_3	ZrO_2
	ZnO	NiO	Cr_2O_3	SnO_2
	FeO	SrO	Mn_2O_3	B_2O_3
				UO_2
				MoO_2

[주] B_2O_3은 그 성질의 특이성 때문에 산성 성분에 넣는 경우와 중성 성분에 넣는 경우가 있다. 독일에서는 RO_2에 포함시키고 있다.

1. 생 유

생유란 원산 상태인 원료 즉 열처리된 프릿 없이 생 원료만으로 조합된 유약으로 수용성 화합물을 거의 함유하지 않고 있다.

용융온도에 따른 화학성분조성의 예

용융온도(℃)	R_2O와 RO	Al_2O_3	SiO_2
770	1.0 PbO	0.1	1.0
1090	0.33KNaO 0.25CaO 0.42PbO	0.25	2.5
1180	0.35KNaO 0.20CaO 0.25ZnO 0.20BaO	0.43	3.0
1260	0.3KNaO 0.7CaO	0.5	5.0

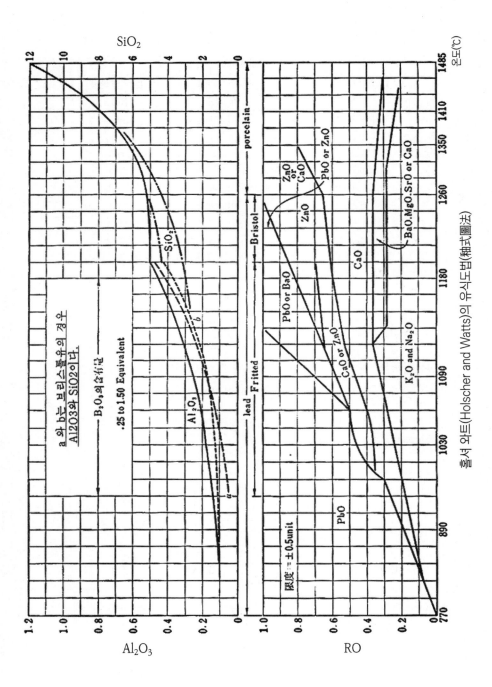

흘셔 와트(Holscher and Watts)의 유식도법(釉式圖法)

(1) 자기유 (porcelain glaze)

자기에 시유하는 유약으로 기본 제겔식은

$$\left.\begin{array}{l} 0.3 \ k_2O \\ 0.7 \ CaO \end{array}\right\} \cdot 0.4 \ Al_2O_3 \cdot 4.0 \ SiO_2 \text{ 이며,}$$

소결 온도는 SK8~9(1250~1280℃) 이다.

R$_2$O군, K$_2$O를 Na$_2$O, Li$_2$O로 치환하고, RO군, CaO를 MgO, BaO, SrO로 치환하면 여러 종류의 자기유를 만들 수 있다.

(2) 브리스톨유(bristol glaze)

ZnO 함유 유약으로 테라 코타(terra cotta)나 식기류에 사용한다. SK3~4(1145~1165℃)에서 사용하는 유약의 기본 제겔식은

$$\left.\begin{array}{l} 0.36 \ K_2O \\ 0.40 \ CaO \\ 0.24 \ ZnO \end{array}\right\} \cdot 0.50 \ Al_2O_3 \cdot 3.16 \ SiO_2 \text{ 이다.}$$

(3) 생납유 (raw lead glaze)

PbO함유 유약으로 저온에서도 표면 광택이 좋기 때문에 일반적으로 예술 자기에 많이 사용되지만, 독성 때문에 식기용 기물에는 거의 사용하지 않는다. SK4-8에서 사용되는 기본 제겔식은

$$\left.\begin{array}{l} 0.1 \ Na_2O \\ 0.6 \ PbO \\ 0.3 \ CaO \end{array}\right\} \cdot 0.2 \ Al_2O_3 \cdot 1.6 \ SiO_2 \text{ 이다.}$$

(4) 생무연유(raw leadless glaze)

인체에 해로운 PbO를 함유하지 않고도 저온에서 녹는 유약을 개발한 것이 생무연유(生無鉛釉)이다. 그러나 광택이 좋지 못한 결점을 가지고 있다. SK 3 (1080℃)에서 녹는 제겔식은

$$\left.\begin{array}{l} 0.2 \text{ KNaO} \\ 0.3 \text{ SrO} \\ 0.1 \text{ CaO} \\ 0.4 \text{ BaO} \end{array}\right\} \cdot 0.3 \text{ Al}_2\text{O}_3 \cdot 3.0 \text{ SiO}_2 \text{ 이다.}$$

2. 프릿(Frit)유

천연원료로서는 부족한 알카리 성분을 유리화시킨 것을 프릿이라 하며, 저화도 유약으로 생납유가 있으나, 독성이 있어 사람에게 해로우므로 식기류 도기유약에 프릿을 용제로 한 유약을 많이 쓴다.

프릿 제조 공정에 따른 경비가 많이 소요되므로 가격이 비싸지만 사용과 소성에 여러 가지 장점이 있다.

(1) 붕산 프릿
붕산과 붕산염은 수용성이므로, 붕소는 프릿으로 넣어야 한다.

무연 프릿의 기본 제겔식은

$$\left.\begin{array}{l} 0.12 \text{ K}_2\text{O} \\ 0.19 \text{ Na}_2\text{O} \\ 0.69 \text{ CaO} \end{array}\right\} \cdot 0.37 \text{ Al}_2\text{O}_3 \cdot \left\{\begin{array}{l} 2.17 \text{ SiO}_2 \\ \\ 1.16 \text{ B}_2\text{O}_3 \end{array}\right. \text{ 이다.}$$

(2) 유연 프릿
생납유는 독성 때문에 일반적으로 프릿화 시켜 납의 용출을 막은 다음 유약에 넣는다.

가장 간단한 프릿은 $PbO \cdot 2SiO_2$인데, 물에 잘 녹지 않는다. 알칼리와 알루미나를 함유한 유연 프릿의 예는 다음과 같다.

$$\left.\begin{array}{l} 0.03 \ K_2O \\ 0.03 \ Na_2O \\ 0.94 \ PbO \end{array}\right\} \quad \cdot 0.07 \ Al_2O_3 \cdot 1.23 \ SiO_2$$

(3) PbO와 B_2O_3를 둘 다 함유한 프릿

이 프릿은 저온용 유약에 사용되며, 기본적인 제게르식은

$$\left.\begin{array}{l} 0.07 \ K_2O \\ 0.10 \ Na_2O \\ 0.53 \ PbO \end{array}\right\} \cdot 0.12 \ Al_2O_3 \cdot \left\{\begin{array}{l} 2.72 \ SiO_2 \\ \\ 0.69 \ B_2O_3 \end{array}\right. \quad \text{이다.}$$

(4) 기타유약

(가) 회유(灰釉)

회유란 융제로 나무재를 사용한 유약이므로, 잿물이라고도 한다.

① 참나무재 : 참나무는 비교적 철분 함량이 적으며. 백색에 가까운 유
    약에 사용하며, 담청자유를 만드는데 적합하다.

② 잡목재 : 함유성분은 일정하지 않으나, 산화철과 산화망간의 함량
    이 많으며, 산화소성에서는 황록색을, 환원소성에서는 담청 색
    혹은 갈색을 띈 녹색이 된다.

③ 짚재 : 짚재에는 규산분이 많으며 짚을 태워서 분쇄 수비하여 사용
    하며, 유백의 광택유에 사용한다.

재의 성분조성

원료	SiO_2	Al_2O_3	Fe_2O_3	CaO	MgO	K_2O	Na_2O	P_2O_5	MnO_2	ig.loss
잡목재	14.08	3.69	1.94	35.90	5.44	1.49	0.55	2.14	0.41	34.3
참나무재	26.98	2.77	0.77	35.73	1.63	0.75	0.57	0.81	0.04	39.94
짚재	52.07	Tr	0.52	1.78	0.81	3.54	1.53	2.07	-	38.06

(나) 식염유(食鹽釉: Salt glaze)

식염유란 석기점토 제품을 소성할 때 1080℃~1150℃에서 불 아궁이에 소금을 뿌려주면 증발하여 Na+이온은 Na_2O로 산화되고 이것은 제품표면의 성분인 SiO_2와 Al_2O_3와 결합하여 규산염($Na_2O \cdot Al_2O_3 \cdot SiO_2$)의 유리질로 변하여 유약 피막이 형성된다. 소금을 증발시켜 유약을 생성시키므로 증발유 또는 휘발유라고도 한다.

(다) 색유(色釉: colour glaze)

색유는 색소인 안료를 유약에 현탁시켜 발색시킨 것으로 같은 안료라도 발색되는 색은 유약의 조성에 따라, 소성분위기에 따라 달라진다.

3. 특수유약

생유와 프릿유 외에 미적효과를 높이거나 특수한 용도에 사용되는 유약을 말한다.

(1) 결정유(結晶釉)

이 유약은 소성과 냉각 중 유약 내에 큰 결정이 발달된 것을 말한다. 이러한 결정들은 입방정일 경우 유약의 두께보다 클 수 없기 때문에, 모양이 침상이나 판상이 되어야 큰 결정으로 성장할 수 있다. 윌레마이트(willemite, $2ZnO \cdot SiO_2$) 결정유의 제식은

$$\left. \begin{array}{l} 0.235K_2O \\ 0.051Na_2O \\ 0.088CaO \\ 0.051BaO \\ 0.515ZnO \end{array} \right\} \cdot 0.162Al_2O_3 \cdot \left\{ \begin{array}{l} 1.700SiO_2 \\ \\ 0.202TiO_2 \end{array} \right. \quad \text{와 같으며,}$$

이때 사용한 프릿의 성분 조성은 다음과 같다.

$$\left.\begin{array}{l} 0.256K_2O \\ 0.057Na_2O \\ 0.057BaO \\ 0.630ZnO \end{array}\right\} \cdot \left\{\begin{array}{l} 0.510SiO_2 \\ \\ 0.221TiO_2 \end{array}\right.$$

아래 그림은 600~900℃에서의 윌레마이트 결정의 핵생성 속도와 910~1250℃에서의 결정 성장을 보여 주고 있다.

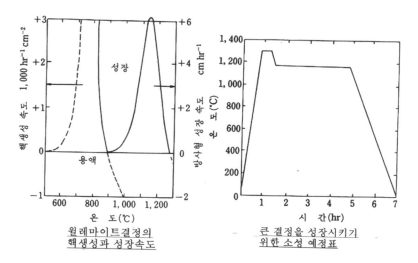

윌레마이트결정의
핵생성과 성장속도

큰 결정을 성장시키기
위한 소성 예정표

에벤튜린유(aventurine glaze)도 결정유에 속하지만 결정의 크기가 작다. 가장 일반적인 것이 산화아연으로 과포화된 유약인데, 냉각 중 적철광(hematite)이 생겨 금속 조각의 반짝거리는 형태로 보이게 된다.

(2) 균열유(龜裂釉: crackle glaze)

잔금유라고도 하며, 이런 형태의 유약은 오래 된 중국 도자기에서 흔히 볼 수 있다. 잔금은 유약이 소지보다 팽창계수가 크므로 오랜 세월을 거치는 동안 경년변화에 의해서 생기는 현상이나, 예술적인 효과를 목적으로 유약에 잔금무늬를 의도적으로 생성시키게 되었다.

잔금의 크기는 유약의 열팽창계수를 변화시킴으로써 조절할 수 있다.

(3)흐름유

어떤 온도에서 녹는 유약위에 부분적으로 녹기 쉬운 유약을 발라 흘러내리게 하는 기법을 말한다. 이 방법에는 아궁이 윗 언저리에 유약을 쉬워 흘러내리게 하는 경우가 많으며, 시유한 유약 위에 바르는 방법과 시유 소성한 작품위에 윗 유약을 바르는 방법이 있다. 흐름유에는 산화티탄이나, 천연티탄광물인 루치루를 넣으면 냉각 중에 결정을 석출하는 등 효과적인 작품을 얻을 수 있다.

(4) 유적유(油滴釉)

유적유란 비교적 두껍게 바른 유약이 소성 중 어떤 온도에 이르면 연화하기 시작하면서 소지나 유약 중에 발생된 기체 성분이 팽창하여 유약 면에 올라오게 하고 유약이 녹으면 기포가 파열하여 기름이 떨어진 것처럼 보이게 한 유약이다.

(5) 진사유(辰砂釉)

산화구리(CuO)를 사용하여 붉은색을 낸 유약을 말한다. 기초유를 대별하면 생유와 프리트유로 나누는데, 생유 조합의 경우 석회유보다 바륨유를 쓰며, 회유와 같이 비교적 녹기 쉽고 용융범위가 넓은 것이 좋다. 석회유 조합의 경우는 대부분 프리트화한 것이 용융도나 점조도가 조정되어 붉은색 발색에 좋은 결과를 얻을 수 있으며, 모두 강한 환원불꽃으로 소성해야 한다.

진사유의 조합 예

No	8K8유	장석	규석	석회석	아연화	산화주석	연단	산화철	산화구리	붕사	와목점토	참나무재
1	84.0	-	1.8	-	9.3	0.9	1.8	0.4	1.8	-	-	-
2	-	70.0	9.3	11.5	3.6	1.8	1.0	-	2.8	-	-	-
3	-	11.0	56.0	4.0	-	3.0	14.0	-	2.0	4.0	6.0	-
4	90.0		2.5	-	1.0	1.3	3.7	-	1.5	-	-	-
5	-	60.0	10.0	-	5.0	-	5.0	-	1.5	-	-	18.5

(6) 맛트유(Mat glaze)

무광유(無光釉) 또는 염소유(艶消釉)라고도 하는데, 적당한 Al_2O_3 : SiO_2 비는 1:3~1:6이다.

또한 $BaSO_4$를 첨가하면 효과가 더욱 좋고, 아연화는 0.3mol 이하를 투명유에 사용하였을 때는 효과가 좋으나, 착색 유약에서는 다르다.

맷트유는 소성 후 냉각속도가 빠르면 투명유가 된다.

유약의 제겔식을 보면 다음과 같다.

$$\left. \begin{array}{l} 0.3 \ K_2O \\ 0.7 \ CaO \end{array} \right\} \cdot 0.7 \ Al_2O_3 \cdot 2.7 \ SiO_2$$ 소성온도는 SK9~10이다.

맛트유의 조합 예

No	장석	석회석	구은활석	규석	산화제2철	탄산만강
1	65.92	3.95	4.74	25.38	7~9	0~3
2	66.31	2.98	5.96	24.75	〃	〃
3	64.90	5.31	5.09	24.71	〃	〃
4	65.30	4.27	6.41	24.02	〃	〃
5	65.71	3.22	7.74	23.33	〃	〃

이야기-8 : 도요지 답사

1964년 이른 봄, 최남주 선생(고적관리위원)의 안내를 받아 경주 망성 도요지 발견현장에 갔다.

불 아궁이는 경사지 아래쪽에 있으나 소성실은 언덕위에 거의 평지 같은 곳에 있는데 4실정도의 대물소성용의 실가마(chember kiln)같이 보였다.

언덕 옆에 움막처럼 허술한 집 한 채가 있는데, 가보니 기와를 만들고 있었다. 흙은 마당의 흙을 파서 쓰는데 분명 2차 점토는 아닌데, 입자가 미세하고 모래 알갱이를 느낄 수 없을 정도로 균일하니, 천연적으로 토기제조에는 적지라 느꼈다

최남주 선생은 가는 길에 삼체석불, 포석정, 삼능 등 일대를 비호처럼 날아 고적상태를 파악하고 우리와 합류하였으며, 일제 때 스웨덴의 구스타프 황태자와 함께 금관총발굴에 동참 했던 분으로 후일 황태자가 왕이 되고, 선생을 초청하였는데, 선생은 늙었다는 이유로 사양하고, 대신 아들을 보냈다.

제 2 절 유약의 계산

1. 제겔식으로 조합비 계산

유약을 제겔식으로 표시하게 되면 유약의 성질을 나타내는 것뿐만 아니라 서로 다른 유약을 비교할 수 있어서 대단히 편리하다.

제겔식으로 부터의 유약의 조합비는 다음과 같이 구한다.

① 제겔식의 산화물을 옆으로 나열한다.

② 유약 조성에 K_2O나 Na_2O가 있으면 장석을 첨가해야 한다.

③ 유약 조성에서 알칼리 성분을 기준으로 해서 장석의 당량을 뺀다.

④ 유약 조성에서 SiO_2 외에 한 가지 산화물만을 공급하는 원료의 당량을 뺀다.

⑤ 유약 조성에서 두 가지 산화물을 공급하는 원료의 당량을 빼는데, 마지막에 알루미나와 규석이 남도록 한다.

⑥ 마지막을 유약의 다른 산화물은 공급하지 않고 알루미나와 규석만을 공급하는 원료의 당량을 뺀다.

제겔식이 $PbO \cdot 0.22Al_2O_3 \cdot 2.40SiO_2$ 인 유약을 위의 방법으로 조합비를 계산하면 다음과 같다.

유약의 제겔식	1.00PbO	0.22Al$_2$O$_3$	2.40SiO$_2$
1.00PbO첨가	1.00PbO		
나머지	0	0.22Al$_2$O$_3$	2.40SiO$_2$
0.22카올린 첨가	-	0.22Al$_2$O$_3$	0.44SiO$_2$
나머지	-	0	1.96SiO$_2$
1.96규석 첨가	-	-	1.96SiO$_2$
나머지	-	-	0

위의 유약은 알칼리가 없기 때문에 장석을 첨가하지 않았으며, RO군의 유일한 산화물인 PbO만을 첨가하였다. 나머지 산화물 중 SiO$_2$보다 Al$_2$O$_3$가 적기 때문에 Al$_2$O$_3$를 기준으로 첨가하게 되는데, 이런 경우 일반적으로 카올린 (Al$_2$O$_3$ · 2SiO$_2$ · 2H$_2$O)을 사용하게 된다. 물은 증발하기 때문에 무시하며, 나머지 SiO$_2$는 규석으로 첨가한다.

다음 전체를 더하면 다음과 같이 된다.

PbO당량	1.00
카올린 당량	0.22
규석당량	1.96

조합비를 구하기 위해서는 각 당량에 분자량을 곱한 후 백분율로 표시한다.

원료	당량비 분자량	조합 비	조합비(%)
PbO	1.00 × 223.2	223.2	56.1
카올린	0.22 × 258.1	56.8	14.3
규석	1.96 × 60.1	117.8	20.6
합 계	-	397.8	100.0

그러나 실제 사용되고 있는 장석, 점토 등은 조성에서 큰 차이가 있기 때문에 화학식을 그대로 사용해서는 안 된다.

예를 들면, 칼륨장석의 이론 제겔식은 $K_2O \cdot Al_2O_3 \cdot 6SiO_2$이지만, 실제 산지에서 산출되는 칼륨장석의 제겔식은 아래와 같다.

$$\left.\begin{array}{l} 0.729K_2O \\ 0.226Na2O \\ 0.016CaO \\ 0.028MgO \end{array}\right\} \cdot 1.05Al_2O_3 \cdot 6.023SiO_2$$

그러므로 조합비를 계산할 때, $K_2O \cdot Al_2O_3 \cdot 6SiO_2$ 의 분자량 556.08 대신 위의 각 당량에 분자량을 곱해서 합한 555를 분자량으로 사용해야 한다.

카올린의 경우도 마찬가지로 분석값에 의해 $Al_2O_3 \cdot 2.23\ SiO_2 \cdot 1.78\ H_2O$가 되면 $Al_2O_3 \cdot 2SiO_2 \cdot 2H_2O$의 분자량 258.1 대신 $Al_2O_3 \cdot 2.23\ SiO_2 \cdot 1.78H_2O$의 분자량 268을 사용해야 한다.

위의 장석과 카올린을 사용해서 유약의 제겔식

$$\left.\begin{array}{l} 0.300K_2O \\ 0.300CaO \\ 0.200MgO \\ 0.200BaO \end{array}\right\} \cdot 0.400Al_2O_3 \cdot 3.20\ SiO_2$$

의 유식에 대한 조합비를 계산하면 다음과 같다.

성 분	K_2O	CaO	MgO	BaO	Al_2O_3	SiO_2
유약 제겔식	0.300	0.300	0.200	0.200	0.400	3.20
0.314 칼륨장석	0.300	0.005	0.009	-	0.330	1.89
나머지	0	0.295	0.191	0.200	0.070	1.31
0.295 석회석	-	0.295	-	-	-	-
나머지	-	0	0.191	-	0.070=	=1.31
0.191 $MgCO_3$	-	-	0.191	0.200	=	=
나머지	-	-	0	0.200	0.070	1.31
0.200 $BaCO_3$	-	-	-	0	-	-

나머지	–	–	–	–	0.070	1.31
0.070 카올린	–	–	–	–	0.070	0.156
나머지	–	–	–	–	0	1.154
1.154 규석	–	–	–	–	–	1.154
나머지	–	–	–	–	–	0

위의 계산에서 장석을 0.314당량 첨가한 것은 K_2O와 Na_2O를 함께 취급하여 KNaO를 0.300 당량 공급하기 위한 것이다. 그러나 K_2O와 Na_2O가 불순물로 상당량 들어 있을 때는 반드시 별도로 취급해야 한다.

그밖에 $CaCO_3$, $BaCO_3$, 규석은 불순물의 양이 무시할 정도이므로 수정을 하지 않아도 된다.

위의 계산에서 얻은 각 원료의 당량에 분자량을 곱해서 백분율로 나타내면 조합비가 될 것이다.

원 료	당량		분자량		조합비	조합비(%)
장 석	0.314	×	555	=	174.3	50.2
석 회 석	0.295	×	100	=	29.5	8.5
$MgCO_3$	0.191	×	84.3	=	16.1	4.6
$BaCO_3$	0.200	×	197	=	39.4	11.3
카 올 린	0.070	×	268	=	18.8	5.4
규 석	1.154	×	60.1	=	69.4	20.0
합 계					347.5	100.0

2. 조합비로 제겔식 계산

조합비로 제겔식을 계산하는 것은 제겔식으로 조합비를 계산하는 것의 반대 과정이라 할 수 있다. 계산 순서를 정리해 보면 다음과 같다.

(개) 각 조성의 양을 그 조성의 분자량으로 나눈다.

(내) 표를 만들어 각 산화물을 해당하는 난에 정리한다.

(대) 각 산화물의 당량을 합한다.

(래) RO 산호물의 합으로 각 산화물의 당량을 나눈다.

(매) $RO \cdot R_2O_3 \cdot RO_2$ 로 정리한다.

앞의 계산에서 구한 조합비로 제겔식을 계산하면 쉽게 이해할 수 있을 것이다.

앞의 계산에서 구한 조합비는

장 석 174.3		$BaCO_3$ 39.4	
석회석 29.5		카올린 18.4	
$MgCO_3$..........16.1		규 석 ....69.4 이었다.	

이것을 각각의 분자량으로 나누면, 다음 표와 같은 당량비가 된다.

원료	중량		분자량		당량
장 석	174.3	÷	555	=	0.314
$BaCO_3$	29.5	÷	100	=	0.295
석회석	16.1	÷	84.3	=	0.191
카올린	39.4	÷	197	=	0.200
$MgCO_3$	18.0	÷	268	=	0.070
규 석	69.8	÷	60.1	=	1.154

이것을 다음과 같이 계산해서 각 산화물의 당량을 합한다.

	K_2O	CaO	MgO	BaO	Al_2O_3	SiO_2
0.314 장 석	0.300	0.005	0.009	–	0.330	1.890
0.295 석회석	–	0.295	–	–	–	–
0.191 $MgCO_3$	–	–	0.191	–	–	–
0.200 $BaCO_3$	–	–	–	0.200	–	–
0.070 카올린	–	–	–	–	0.070	0.156
1.154 규 석	–	–	–	–	–	1.154
	0.300	0.300	0.200	0.200	0.400	3.200

위의 산화물을 $RO \cdot R_2O_3 \cdot RO_2$로 정리하면 다음과 같다.

$$\left. \begin{array}{l} 0.300K_2O \\ 0.300CaO \\ 0.200MgO \\ 0.200BaO \end{array} \right\} \cdot 0.400Al_2O_3 \cdot 3.20\ SiO_2$$

3. 유약의 조합계산

유약의 조합에 대해서는 [2. 유약의 계산]에서 대부분 설명했으므로, 여기에서는 프릿유의 배합에 대해서만 설명하기로 한다.

(1) 프릿유

프릿을 만드는 목적은 붕산처럼 물에 녹는 원료나 산화납처럼 유독성 원료를 용융시켜 사용함으로써 붕산의 첨가 효과를 높이고, 산화납의 유독성을 방지하는 데 있다.

1969년, 미국 FDA(food and Drug Administration)는 각 나라에

서 수입되는 도자기 제품에 대하여 납, 카드뮴의 용출량을 조사하여 그 결과를 공개하고 부적격품의 통관을 금지하였다.

FDA 허용값으로는 납 7ppm이하, 카드뮴 0.5ppm 이하로 규정하고 있다. 우리나라는 1978년 보건사회부 고시 제38호 식품 등의 규격 및 기준에 의하여 다음과 같이 규정하고 있다.

① 도자기 및 법랑에 대한 규정

납 ; 7ppm이하. 비소 ; 0.05ppm이하. 카드뮴 ; 0.5ppm이하.

② 용기에 대한 규정

납 ; 0.1ppm이하. 비소 ; 0.05ppm이하. 카드뮴 ; 0.5ppm이하.

그러므로 유약에 사용되는 납은 프릿화해서 사용해야 하며. 생납은 사용하지 못하도록 규정하고 있다.

도자기유약에 사용되는 프릿에는 몇 가지 규칙이 있는데, 다음과 같다.

① 프릿의 염기성산화물에 대한 산성산화물의 비율은 1:1~3이어야 한다. 이 비율은 조성이 반드시 유리 형성 범위 내에 있어야 함을 뜻한다.

② 프릿의 산화붕소에 대한 알칼리의 비율은 유약의 산화붕소에 대한 알칼리의 비율과 같아야 한다. 이것은 모든 가용성 알칼리와 산화붕소는 프릿에 포함되어야 함을 뜻한다.

③ 프릿의 다른 RO산화물에 대한 알칼리의 비율은 1을 넘어서는 안 된다. 이 방법은 가용성이 덜한 RO 산화물과 똑같은 양의 알칼리를 반응시켜 프릿의 불용성을 확실하게 하기 위함이다.

④ 프릿의 산성 산화물은 SiO_2이어야 하며, 산화붕소가 존재할 때에는 산화붕소에 대한 규석의 비율은 적어도 1:1~2가 되어야 한다.

붕산염은 가용성이 크기 때문에 SiO_2를 넣어 가용성을 줄여야 한다.

⑤ 프릿의 Al_2O_3가 많으면 점도가 커질 뿐만 아니라, 내화성도 커져 결국 알칼리, 산화납, 산화붕소가 증발하게 된다.

(2) 프릿유의 조합

프릿유를 조합하기 위해 다음의 유약식을 예로 들어보자.

$$\left.\begin{array}{l}0.30Na_2O \\ 0.40CaO \\ 0.30BaO\end{array}\right\} \cdot 0.25Al_2O_3 \cdot 2.50SiO$$

위의 유약식에서는 Na_2O가 Al_2O_3보다 많기 때문에 프릿유라는 것을 쉽게 알 수 있다.

장석에 함유되어 있는 알칼리와 Al_2O_3의 몰비는 1 : 1이기 때문에 위의 유약식에 들어 있는 Na_2O를 전부 장석으로 충당하는 것은 불가능하다.

장석을 0.3 당량 넣게 되면 0.3당량 Al_2O_3, 1.8당량 SiO_2가 들어가게 된다. 그러므로 알칼리와 SiO_2는 만족되지만. Al_2O_3는 초과하게 된다. 만일, 장석을 덜 넣게 되면 알칼리를 만족시킬 수 없기 때문에 프릿으로서 알칼리를 첨가해야 한다. 앞의 규정에 따르면 다음과 같은 프릿이 좋다.

$$\left.\begin{array}{l}0.30Na_2O \\ 0.20CaO \\ 0.10BaO\end{array}\right\} 1.0SiO_2 \quad \text{또는} \quad \left.\begin{array}{l}0.50Na_2O \\ 0.33CaO \\ 0.17BaO\end{array}\right\} 1.67SiO_2$$

위의 프릿을 사용하여 프릿유를 계산하면 다음과 같다.

프릿유	$0.3Na_2O$	$0.4CaO$	$0.3BaO$	$0.1Al_2O_3$	$2.6SiO_2$
0.60프릿	$0.3Na_2O$	$0.2CaO$	$0.1BaO$	–	$1.0SiO_2$
나머지	0	$0.2CaO$	$0.2BaO$	$0.1Al_2O_3$	$1.6SiO_2$
$0.20CaCO_3$	–	$0.2CaO$	–	–	–
나머지	–	0	$0.2BaO$	$0.1Al2O_3$	$1.6SiO_2$
$0.20BaCO_3$			$0.2BaO$		
나머지	–	–	0	$0.1Al_2O_3$	$1.6SiO_2$
0.10카올린				$0.1Al_2O_3$	$0.2SiO_2$
나머지	–	–	–	0	$1.4SiO_2$
1.40규석					$1.4SiO_2$
나머지	–	–	–	–	0

위의 계산으로 프릿 조합비를 구하면 다음과 같다.
(원료의 당량 × 화학당량 = 배합비)

당 량	원 료	화학당량	배합비	백분비(%)
0.60	$NaO_2CO_3 \cdot 10H_2O$	286.2	143.1	46.2
0.33	$CaCO_3$	100.1	33.0	10.6
0.17	$BaCO_3$	197.4	33.5	10.8
1.67	SiO_2	60.1	100.5	32.6
합 계			310.1	100.0

위의 프릿을 사용하여 프릿유의 조합비를 계산하면 다음과 같다.

당 량	원 료	화학당량	배합비	백분비(%)
0.60 프릿	프 릿	175.9	105.5	38.4
0.20	탄 산 칼 슘	100.1	20.0	7.3
0.20	탄 산 바 륨	197.4	39.5	14.4
0.01	카 올 린	258.1	25.8	9.4
1.40	규 석	60.1	84.0	30.5
합 계			274.8	100

제6장

장식(裝飾)

우리나라 도자기 기술의 역사는 오래 되었으며, 세계 각국에서 특색 있게 발전하여 독특한 기술로 발전시켜 왔다. 도자기수출국인 우리로서 장식의 중요성을 인식하고, 이들 장식 기법을 알고 익혀서 현대 도자기에 응용하여야 할 것이다. 도자기 장식 기법을 크게 나누면 조소와 채색으로 나눌 수 있고, 이 밖에도 상감, 투각, 특수 유약으로 장식하는 등의 방법들이 있다.

제 1 절 조소(彫塑)

조각하여 무늬를 넣은 제품들은 옛 부터 많이 만들어져 왔다. 장식으로 만드는 방법으로는 두 가지가 있는데, 소지에 직접 조소하는 것과, 조소하여 만든 기물모양을 본틀(원형)로 하여 사용틀(사용형:초벌구이 또는 석고틀)을 만들어 가압법이나 주입법으로 성형하거나, 부조무늬를 석고틀에 찍어 부착하는 방법이다.

(가)환조(丸彫)제품

우리나라 　　　　　 일본 　　　 중국 　　　 독일(마이센)

(나)부조제품

제 2 절 채식(彩飾)

1. 수공채식

정교한 자기는 손으로 그림을 직접 그리는 방법으로 고도의 기능과 숙련이 필요하며, 밑그림 채색과 윗그림 채색이 있으며, 분무기를 써서 장판지법 등 방법을 쓰거나, 그대로 부분 분무하여 미적 효과를 나타내는 경우도 있다.

(1) 밑그림채색(下繪 彩色):

밑그림 채색료(under glaze colors)를 생소지 또는 초벌구이 소지에 채식한 다음 유약을 발라 고온에서 소성하므로 극히 제한된 발색만을 얻을 수 있다. 산화코발트(청색), 산화철(흑갈색), 산화크롬(녹색), 산화만강(보라색), 산화구리(진사) 등 금속의 산화물을 사용하여 색깔을 내는 방법으로 다양한 색은 낼 수 없다.

밑그림 채색제에는 융제를 쓰지 않으나, 때로는 희석제나 융제를 섞어 쓰기도 하는데, 융제는 윗그림용보다 연화점이 높고, 사용량도 적으며, 희석제는 활성이 없고, 다만 색을 엷게 하고 수축도 조절한다.

(2) 윗그림채색(下繪 彩色):

백색도자기로 참구이한 제품 위에 그림을 그려 낮은 온도에서 구어 붙임으로 다양한 색깔을 얻을 수 있다.

윗그림 채색제에는 밑그림 채색제 보다 융점이 낮은 융제를 많이 사용한다.

(가) 윗그림 채색료(over glaze colors)

스피넬 화합물과 발색

스피넬광물	발색	스피넬광물	발색
$MgO.Al_2O_3$	흰색	$FeO.Cr_2O_3$	검은색
$ZnO.Al_2O_3$	흰색	$CdO.Cr_2O_3$	황색 띈 흑색
$MnO.AlO_3$	밝은 차색	$CuO.Fe_2O_3$	밝은 녹색
$NiO. Al_2O_3$	하늘색	$CdO.Fe_2O_3$	청색 띈 회색
$MgO.Cr_2O_3$	어두운 녹색	$FeO.Fe_2O_3$	회흑색
$ZnO.CrO_3$	녹색을 띈 차색	$(0.5CoO \sim 0.557MgO).Cr_2O_3$	록색
$MnO.Cr_2O_3$	회색	$(0.5CoO \sim 0.51NiO).Cr_2O_3$	암록색
$MgO.Al_2O_3$	흰색	FeO	녹색
$MgO.Fe_2O_3$	인도 적색	$ZnO.SnO_2$	청록색
$ZnO.Fe_2O_3$	기와 붉은색	$2LoO\ TiO_2$	록색
$NiO.Fe_2O_3$	적색 띈 검은색	$LaO.MgO.SnO_2$	암청 띄 녹색
$LoO.Fe_2O_3$	적색 띈 검은색	$ZnO(0.2Cr_2O_3.0.8Al_2O_3$	핑크색
$LoO.Al_2O_3$	청색	$ZnO0.5.Al_2O_3\ 0.5Fe_2O_3$	밝은 차색
$FeO.Al_2O_3$	갈색	$NiO.ZnO.SnO_2$	밝은 녹색
$CuO.Li_2O_3$	청록색	$NiO.MgO.SnO_2$	위와 같음
$CuO.C_2O_3$	흑색		

채색료 조합예

	연백	프럭스	규석	산화제2철	산화안티몬	산화동	2산화만강	산화코발트
황색	47	30.5	20	2.0	0.5	-	-	-
연청	18	66.5	14	-	-	1.52	-	-
녹색	53	24.0	18	-	-	5.0	-	-
자색	15	71.5	12	-	-	-	1.5	-
청색	50	25.0	23	-	-	1.0	-	1.0

윗그림 채색용 융제(프럭스)의 조합 예

No	연단	규사	붕사	붕산	용　　도
1	76	25	-	-	황색, 갈색, 철적색, 기타용
2	66	23	11	-	흑, 청, 철적, 갈색, 기타용,
3	70	10	-	20	황색, 갈색, 크롬록, 청색용
4	38	15	-	50	동록, 하늘색, 코발트청용
5	35	-	-	65	상동

(나) 금 입히기

금 입히기에는 수금(水金)법과 본금(本金)법이 있는데, 수금법은 왕수에 녹인 금의 염을 유화 바르삼이나 와니스에 섞어 자기 표면에 입히는 방법으로, 700℃에서 소성하면 금은 환원되어 금속상태의 황금색을 낸다.

본금은 분말 금을 윗그림 채색용의 융제를 섞어 기름이나, 수용성고무와 같은 전색제를 넣은 다음 자기 표면에 칠하여 수금과 같은 요령으로 소성하면 된다.

(다) 라스터(luster)

라스터는 금속의 수지산염을 만든 다음 터어팬틴과 같은 전색제와 혼합하여 만든 것으로 800℃정도에서 소성하면 진주광택을 낸다.

유색 라스터에는 청, 적, 황 등의 여러 가지 색을 내며, 철, 구리, 망간, 코발트, 카드뮴, 우라늄, 금, 백금 등을 쓰며, 무색 라스터에는 알루미늄, 아연, 납, 주석, 비스무드, 티탄 등을 쓴다.

(2) 전사지법

종이 위에 도자기용 안료로 인쇄한 것을 전사지라 하는데, 큰 종이에 여러 개의 도안이 인쇄되어 있으므로 가위로 끊어서 써야 한다.

두꺼운 종이에 인쇄된 것은 물에 담구어 두었다가 착색제와 니스 등의 내수성 전색제로 인쇄된 부분을 분리하여 기물에 붙이는 방법과, 얇은 종이에 인쇄된 것은 인쇄된 면에 젤라친이나, 아교. 엿 등 점착성 물질을 발라 기물에 붙인 후 건조시키고 그 다음 물에 담구어 두었다가 점착제가 녹았을 때 얇은 종이를 벗겨 내는 방법이 있다.

(3) 사진법
사진법은 햇빛에 감광되는 중크롬산 젤라틴을 그릇에 입혀 두고, 이를 음화로 햇빛에서 감광시킨 다음 감광되지 않은 부분을 물로 씻어 내고, 凹부에 채색료를 채우는 방법이다.

(4) 상감법
고려 시대에 발달한 것으로 우리나라 특유의 기법이다. 그릇 소지에 음각을 하고 여기에 화장토(백상감) 또는 흑색 소지토(흑상감)를 채운 다음 유약을 발라서 소성하면 백색과 흑색의 무늬가 나타나게 된다. 칼로 파서 무늬를 넣기보다 쉽게 도장을 만들어 찍은 인화문 분청자기도 상감기법이라 할 수 있다.

칼로 무늬 파기　　　　　화장토 칠하기　　　　　칼로 화장토 벗기기

이 밖에도 여러 가지 색의 소지토로 슬립을 만들어 칠한 다음 벗기면 여러 가지 색의 상감작품을 만들 수 있을 것이다.

(5) 화장토 바르기

(가). 붓으로 칠하는 경우 : 반건의 제품을 물레에 얹어 두고 붓으로 칠하는데, 붓으로 칠한 흔적을 모양화하는 방법이다.

(나). 균일하게 화장괘(化粧掛)를 하는 경우; 화장토를 슬립(泥漿) 상 태로 만들어 담구어 바르는 방법이다.

(다). 상감모양 기법 : 성형품에 귀문 등 여러 가지 무늬를 눌러 찍어 서 상감의 느낌을 주게 한 기법이다.

(라). 색소지에 화장토를 입히고, 칼로 화장토를 벗겨 그림모양을 내 고, 그 위에 유약을 발라 소성하여 장식하는 방법이다.

(6) 색소지 장식

백색의 소지에 채색료를 첨가하면, 채색료의 색깔에 따라 여러 가지  색소지를 얻을 수 있다. 다른색의 소지토를 절단하여 함께 반죽하여 성형하면 자연스러운 무늬를 얻을 수 있다. 또한 이를 성형품에 붙이거나 적절한 방법으로 장식 할 수도 있을 것이다.

  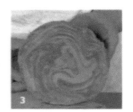

① 다른 색의 소지를 판으로 잘라 포갠다.
② 위를 국화문 이김법으로 이겨 고른 다음의 소지 덩어리
③ 위를 철사로 절단하여 본 그림. 이런 무늬를 제품에 적용한다.

색소지토 조합예

원료	조합비	발색	원료	조합비	발색
소지 산화코발트	95~85 5~15	청색	소지 산화철	82~96 18~4	갈색
소지 산화코발트 산화크롬	85 5 10	청록색	소지 산화티탄	90~95 10~5	상아색
소지 산화크롬	98 2	선 홍록색	소지 규산철	85~98 15~2	적색
소지 산화코발트 산화닉켈	90 2 8	남색	소지 산화철 연망간광 산화코발트	90 3 3 4	흑색
소지 산화닛켈	95 5	청동색	소지 연망간광	98 2	상아색

(7) 그 밖의 장식법

(ㄱ) 고무도장으로 찍어 무늬를 넣는 스탬프(stamp) 법.

(ㄴ) 물레 위에 그릇을 얹고 채색료를 묻힌 붓을 대고 물레를 회전시켜 줄무늬를 넣는 방법.

(ㄷ) 반건 성형품에 칼로 구멍을 내어 무늬를 넣는 투각법.

(ㄹ) 결정유, 진사유, 균열유, 색유 등을 입혀 미적 효과를 내는 방법 등이 있다.

청자가마를 불지르기 위하여
남산은 발가숭이가 되었나 하면
연기는 햇빛을 어둡게하네
구어져 나오는 것은 청자
열에 하나를 가려내니
옥 같은 청자색을 나타 내내
수정같이 맑고 찬란하며
바윗돌과 같이 여물고나
도공은 무슨재조로서 이런 것을 만드난고
하늘에서 비밀을 빌린것일까
아름다운 꽃모양 그림과 같네

- 李相國시집에서

청자백퇴화석류형 주전자

제7장

가마와 연료

자주요의 모형

중국 화남의 대표적인 가마는 철포요에서 발전한 청자 소성의 경덕진가마(景德鎭窯)인데, 너비보다 길이가 길므로 옆불꽃식 가마(橫炎式窯)이고, 화북 백자소성의 대표적인 가마는 만두형의 자주요(磁州窯)인데, 길이가 짧으므로 꺽임불꽃식가마(倒炎式窯)에 가깝다.(모형의 불아궁이 부분이 불합리하다.)

제 1 절 가마(窯爐)

가마의 형식에는 소성작업에 의한 분류로 불연속가마, 반연속가마, 연속가마로 나누고; 불꽃의 방향에 따라 옆불꽃가마(횡염식), 오름불꽃가마(승염식), 꺾임불꽃가마(도염식)로; 불꽃의 접촉 여부에 따라 직화식가마, 반머플식가마, 머플식가마로; 사용연료에 따라 장작가마, 석탄가마, 석유가마, 가스가마, 전기가마로; 용도에 따라 초벌구이가마, 참구이가마, 장식구이가마, 프릿가마로; 형상에 따라 둥근가마, 각가마, 고리가마, 터널가마 등으로 나눈다.

1. 불연속가마

(1) 옆불꽃식 가마

횡염식요(橫炎式窯)는 아궁이에서 발생한 불꽃이 소성실 내에 들어가 가마 바닥에 거의 수평으로 진행하여 피가열체를 가열하고, 굴뚝으로 나가는 형식의 가마이다. 중국의 경덕진가마, 영국의 뉴캐슬가마 등이 이에 속한다. 이것은 아궁이 부근의 온도가 높고, 굴뚝에 가까워짐에 따라 온도가 낮아지는 결점이 있다.

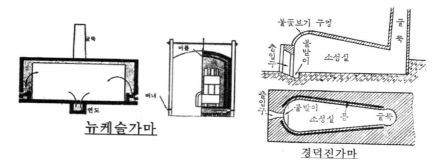

뉴케슬가마

경덕진가마

(2) 윗불꽃식 가마

승염식요(昇炎式窯)는 아궁이에서 발생한 불꽃이 소성실 내를 올라 가면서 피가열체를 가열하고, 위쪽 굴뚝으로 나가는 형식이다. 꺾임 불꽃식 가마에 비해 구조가 간단하므로, 같은 부피의 가마를 만드는 경우 가마쌓기와 보수비가 싼 잇점이 있으나, 불길의 가열 통로가 짧으므로 연료의 소모량이 많다.

또, 연소 가스는 반드시 위로 올라간다는 원리를 적용했기 때문에, 고온 부분의 통풍력이 저온 부분의 통풍력 보다 커서 온도차가 많아지는 결점이 있다.

옛 영국 웨지우드 보틀(bottle)가마

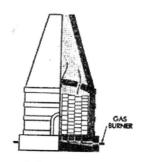

선가마의 구조

(3) 꺾임 불꽃식 가마

도염식가마(倒炎式窯)는 아궁이에서 발생한 불꽃이 옆벽과 불받이 사이로 올라가서 천정에 닿으면 피가열체 사이로 내려와 가마 바닥의 흡입구를 지난 다음 연도를 거쳐 굴뚝으로 나가는 형식이다.

옆 불꽃식 가마와 윗 불꽃식 가마에 비하여 연료 소비가 적고, 가마 속의 온도 분포도 비교적 고르게 되므로 많이 사용되고 있는 가마이다.

(가) 단가마

가마재임과 소성 가마내기가 주기적으로 이루어지는 단속적 가마를 단가마 또는 단독가마라 한다. 모양에 따라 각가마와 둥근가마로 나눈다.

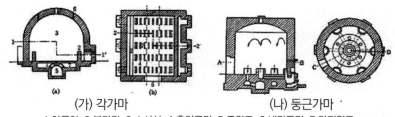

(가) 각가마　　　　　　　(나) 둥근가마
1.아궁이　2.불다리　3.소성실　4.흡입구멍　5.주연도　6.냉각구멍　7.가지연도

(나) 셔틀가마(shuttle kiln)

불연속가마의 결점은 손실되는 열량이 많으므로 이를 보완하기 위하여 소성을 마친 가마가 식기 전에 소성된 제품을 내고, 미리 소성품이 적재된 대차를 밀어 넣어 가마의 보유열을 이용하고, 조업 주기도 단축시키기 위한 가마이다.

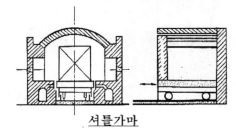

셔틀가마

(다) 벨가마(bell kiln)

셔틀가마와 같은 목적으로 고안된 가마로, 한 개의 가마 몸체를 미리 적재된 바닥에 교대로 옮겨 가면서 소성하는 가마이다.

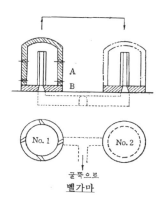

벨가마

2. 반연속가마

오름가마와 사요(蛇窯)나, 실가마가 있으나, 지금은 오름가마가 가장 많이 쓰이고 있다.

(1) 등요(登窯)

오름 가마라고도 하며, 일서에 동양풍의 사상요(斜上窯)란 표현이 적절하다. 경사지를 이용하여 통풍력을 조절하는 가마로, 우리나라 고려 이전부터 쓰여 오던 가마인데, 꺾임 불꽃 소성실을 여러 개 경사지에 쌓고, 전실의 폐가스 및 냉각 중의 폐열을 이용하여 차례로 다음 연소실에서 소성하는 형식이다.

지금도 옹기 소성에 많이 쓰이고 있으며, 연료로는 장작을 많이 쓴다.

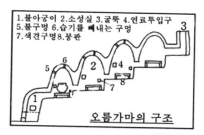

1.불아궁이 2.소성실 3.굴뚝 4.연료투입구
5.불구멍 6.습기를 빼내는 구멍
7.색견구멍 8.봉판

오름가마의 구조

3. 연속가마

(1) 고리 가마

19세기 중엽에 호프만에 의해 고안된 것으로, 각 소성실이 인접하여 타원형으로 되어 있고, 각 연소실은 중앙의 주연도를 거쳐 굴뚝에 연결되어 있다. 연소실의 수는 12~20개가 보통이지만, 연소실 14개, 길이 80m 정도가 알맞다.

고리 가마의 조작은 인접한 연소실에서 소성품을 꺼낸 각 소성실의 폐열이 새 소성실의 미소성품의 건조와 예열 공기로 이용된다. 한 소성실의 연소가 끝나면 차례로 조작을 옮긴다. 고리가마는 주로 벽돌의 소성에 쓰였다. 석탄 소비량은 단독 가마의 35% 정도이다.

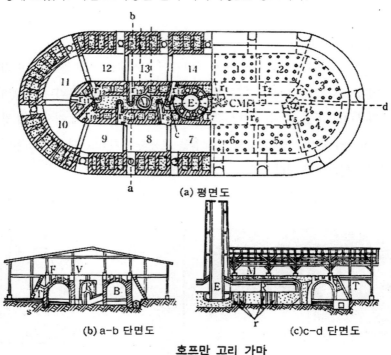

(a) 평면도

(b) a-b 단면도　　　　(c)c-d 단면도

호프만 고리 가마

(2) 연속실 가마

연속실 가마(chamber kiln)는 고리 가마를 네모모양으로 하고 인접하는 각 실 사이에 칸막이 벽을 쌓고, 고리 가마와 같은 원리로 연속적으로 꺽임 불꽃 소성을 가능하게 한 것이다. 따라서 산화 불꽃, 환원 불꽃 소성을 자유로이 할 수 있으며, 소성 온도를 각 실마다 달리해서 소성할 수도 있어 많이 쓰였다.

이 가마는 벽돌을 기계로 재임했다 꺼냈다 할 수 있어 가열공정의 시간을 많이 단축할 수 있다.

연료차

대차의 벽

레일

쟁임 공간

연속실가마

연속실가마

(3) 터널 가마

연소실이 한 곳에 고정되어 있고, 피소성체를 연속적으로 그 곳을 통과시켜 소성하는 가마이다. 가마의 각 부분이 오랫동안 같은 온도로 지속되므로 연속실 가마와 같이 주기적으로 변화되는 온도 때문에 생기는 변형의 우려가 없고, 피소성체는 대차에 실려 있어 가마 바깥의 편리한 장소에서 싣고 내릴 수 있는 장점이 있다.

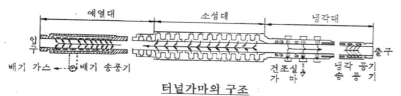

예열대   소성대   냉각대

입구

출구

배기 가스   배기 송풍기   건조실 가마   냉각 공기 송풍기

터널가마의 구조

소성대   소성되어 나오는 장면

　터널 가마는 중간에 열원을 둔 긴 내화물 터널로 되어 있고, 피소성체를 운반하는 대차들이 연속적으로 열원 부근을 지나가게 되어 있다. 들어간 대차는 열의 대부분을 빼앗긴 저온의 연소 가스와 접촉하게 되고, 점차로 고온대에 이르고 끝으로 최고 온도에 이르게 된다. 고온대를 지난 다음에는 냉각대 쪽에서 들어오는 찬 공기에 의해서 천천히 냉각된다. 배출되는 폐열의 일부는 연소용 예열공기로 이용된다.

　터널가마는 단독요에 비하여 연료절약이 40~50%이고, 온도 조절 자동화가 쉽고, 대량생산에 적합하다.

　터널가마의 형식에는 여러 가지가 있으나 그 중에도 드레슬러식(dressler type), 하로프식(harrop type). 얼라이드(Allied type), 케라식(kerra type)의 네 가지 형식이 많이 쓰이고 있다.

　터널가마에도 직화식, 머플식 반머플식. 전기식이 있으며, 직화식에도 옆불꽃식(드레슬러식. 하로프케라식)과 꺾임불꽃식이 있다.

　터널가마는 단가마에 비하여 다음과 같은 장단점이 있다.

　(ㄱ) 장점

　.① 연료비가 적게 든다　　　　② 균일소성이 가능하다.

　③ 온도조절이나 자동화가 쉽다.　　④노동비가 절약된다.

　⑤소요시간이 단축되고, 대량생산에 적합하다.

(ㄴ) 단점

① 건설비가 많이 든다.

② 제품구성이 제한되고, 생산조정이 곤란하다.

4. 전기가마(電氣爐)

전기가마는 ① 설비가 간단하고 연기가 나지 않으므로 소성실의 분위기가 깨끗하다. ② 열효율이 좋다. ③ 온도조절을 자동화할 수 있으므로 인건비가 적게 든다. ④ 공장의 바닥 면적이 적게 들고, 재로 인한 제품의 손상이 적은 등 장점이 있으나, 발열량당의 단가가 높아 연료비가 많이 든다. 자기에는 탄화규소질 발열체가 많이 쓰이고, 도기질에는 니크롬선이나, 칸탈선 발열체가 많이 쓰인다.

발열체의 종류

종류	안전 사용 온도	주성분
SiC 발열체	1,500℃ 이하	SiC
$MoSi_2$-SiC 발열체	1,700℃ 이하	$MoSi_2$: 30, SiC: 70
$MoSi_2$ 발열체	1,600℃ 이하	$MoSi_2$
니크롬선(제 1 종)	1,100℃ 이하	Ni: 75~79, Cr: 17~21

간단한 전기가마 전기 터널가마

제 2 절 연료(燃料)

연료는 공기 중에서 쉽게 연소되고, 연소열을 경제적이고도 편리하게 사용 부분에 이용할 수 있는 물질을 말한다.

1. 연료의 종류

연료는 고체 연료, 액체 연료, 기체 연료로 분류할 수 있으며, 다시 각 연료는 천연품과 가공품으로 나눌 수 있다. 이 외에 가장 값이 비싸지만 공해가 없는 깨끗한 열원으로는 전기를 들 수 있다.

우리나라의 식기류나 타일 공장에서는 경유나 중유를 많이 사용하고 있었으나 일부 공장에서는 LPG를 사용하는 경우가 늘어나고 있으며 실험실용 전기로로 사용되던 전기도 지금은 산업용 도자기 소성에도 많이 이용되고 있다.

고체 연료	천연품 : 장작, 갈탄, 흑탄, 무연탄 가공품 : 연탄, 코크스
액체 연료	천연품 : 원유 가공품 : 휘발유, 등유, 경유, 중유
기체 연료	천연품 : 천연가스 가공품 : 석유 분해 가스, 석탄 가스, 도시 가스, 수성 가스

(1) 고체연료

고체연료는 식물 또는 그 변질체가 주체로 되어 있고, 목재, 토탄, 갈탄, 유연탄 및 무연탄 등과 같이 천연물 그대로 사용하는 것과, 이들을 가공한 목탄 코올라이트, 코크스, 연탄 등을 말한다.

도자기 제조용으로는 장작과 석탄이 쓰였으나, 지금은 연소조절이 어렵고 재의 융착 등 결점이 많으므로, 일부 소규모의 예술 도자기 공장에서는 장작을 사용하나, 일반 공장에서는 거의 쓰지 않는다.

(2) 액체연료

액체연료는 석유원유에서 얻어지는 것이 대부분이나, 석탄의 건류생성물, 석탄과 수소 또는 수소와 일산화탄소 등으로 합성한 인조액체연료도 있다. 석유는 수백만 년 전 생물이 매몰되어 오랜 시간동안 압력으로 생성된 동물의 유해가 검은색의 석유로 변했다는 설이 유력하다.

지하에서 나오는 석유는 많은 탄화수소의 혼합물로 되어 있으며, 불순물로는 유황, 바나듐 등을 소량 함유하고 있다. 원유로부터 석유제품을 얻는 공정을 석유의 정제라 부르며, 증류조작의 모식도를 보면 오른쪽 그림과 같다.

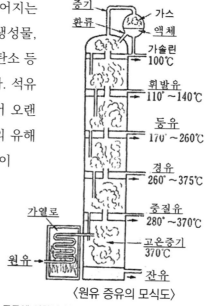

〈원유 증유의 모식도〉

증류에 의하여 원유를 정제한다.
원유를 370℃로 가열하여 증기나 액체로 되면 증류탑으로 보낸다. 증기가 올라 가면서 증기가 액체로 변화하는 온도, 즉 비등점이 다르기 때문에 이에 따랄 층층이 응결한다. 일부의 가스는 배출되고, 또 일부는 환류한다. 무거운 성분은 하단에 응축하고, 또 증발하지 않은 잔유는 바닥에 남는다.

(가) 휘발유

비중은 0.60~0.76정도이고, 휘발성이 크고 폭발의 위험성이 크다. 자동차나 항공기의 연료로 사용된다.

가솔린과 공기혼합물은 내연기관에서 신속하고도 일정하게 연소되어야하나, 어떤 조건에서는 노킹(knocking)현상을 일으키므로 안티녹킹성의 척도로 옥탄가를 사용하고 있다.

(나) 등유

밀도는 약 $0.8g/cm^3$ 이며, 공업요로나 건조로의 연료로 많이 이용되고 있다.

가정용으로 쓰이는 것은 잘 정제되어 무색에 가깝기 때문에 백등유라고도 한다.

(다) 경유

밀도가 약 $0.85g/cm^3$이고, 디젤기관의 연료. 중유를 조정하기 위한 조합유로 쓰이거나, 수소 분해 연료로도 쓰인다.

자동차나 철도용의 고속디젤기관의 연료로 사용되며 디젤기관은 가솔린기관과는 달리 공기와 연료를 압축하여 압축열로 자연발화를 하여 연소를 시킨다.

(라) 중유

밀도는 약 $0.95g/cm^3$ 이고, 단위발열량당의 가격이 싸므로 공업용연료로 많이 쓰인다.

분자식이 $C_{12}H_{23}$에 가까우며, 발열량은 10,000kml/kg이나, 일반적으로 잘 타지 않는다. 그러므로 중유를 가열하여 점도를 낮추어 무화(霧

化)상태가 잘 되게 하여야 한다. 또한 중유중의 황분은 공해에 영향을 미치므로 제거해야 한다.

중유를 750~1000℃로 가열하면, 급속히 분해하여 H_2, CH_4, C_2H_6 등이 생성하여 가열할 때 수증기를 송입하거나, 촉매를 사용하여 사용이 쉬운 기체연료로 하여 쓰기도 한다.

중유의 종류별 성상 - KS M 2514에서 발췌

종류 \ 성상		반응	인화점 (℃)	점도(50℃) (센티스토우크스)	유동점 (℃)	잔류 탄소 (%)	수분 (%)	회분 (%)	황분 (%)
A 중유	1호	중성	60 이상	20 이하	5 이하	4 이하	0.3 이하	0.05 이하	0.5 이하
	2호	중성	60 이상	20 이하	5 이하	4 이하	0.3 이하	0.05 이하	2.0 이상
B 중유		중성	60 이상	50 이하	10 이하	3 이하	0.4 이하	0.05 이하	3.0 이하
C 중유	1호	중성	70 이상	50~150	—		0.5 이하	0.1 이하	1.5 이하
	2호	중성	70 이상	50~150	—		0.5 이하	0.1 이하	3.5 이하
	3호	중성	70 이상	150~400	—		0.6 이하	0.1 이하	1.5 이하
	4호	중성	70 이상	400 이하	—		1.0 이하		3.5 이하

(3) 기체연료

기체연료에는 천연가스, 도시가스, LP가스(액화석유가스) 등이 있다.

도시가스는 석탄이나 석유를 원료로 하여 만든 가스(주성분: 수소. 일산화탄소)인데, 발열량을 증가시키기 위하여 천연가스를 가하여 배관에 의하여 가정에 보내었고, 공장에서는 자체에서 만들어 사용하였으나 지금은 천연가스로 대치되고 있다.

기체연료는 연소효율이 높고, 자동조절, 점화, 소화가 간단하고, 연소할 때 재가 남지 않는 등 장점이 많으나, 부피가 크므로 저장 또는 운송하는데 시설비가 많이 들고, 일반적으로 압력을 가지므로 새어나가기 쉽고, 새어나온 가스는 해롭고 폭발하기 쉬운 단점도 있다.

(가) 천연가스

천연가스는 지하에서 직접 채취하여 얻어진 가스로 대부분이 메탄가스이다. 공업용 연료로 적합하여 많이 수입되고 있다.

천연 가스의 조성 예(%)

	CO_2	CO	H_2	N_2	O_2	CH_4	C_2H_6	C_3H_8 C_4H_8	C_4H_{10}	C_nH_{2n+2}	발열량 kcal/Nm^3
유전성	—	—	—	—	1.10	78.9	10.2	6.0	1.2	2.0	—
수용성	1.38	—	—	1.07	0.05	92.24	—	—	—	—	8,800
석탄계	1.85	0.43	0.69	0.85	1.00	93.58	1.60				9,200

(나) 액화석유가스

LP가스(liquefied petroleum gas)는 일반적으로 프로판가스라 불러지며, 유정가스나, 석유를 정제할 때 부산물로 나오는 정유소가스 중에는 탄소수가 3~4인 탄화수소가 포함되어 있다.

액화 석유가스 성분의 물리적 성질

	순프로판	노르말부탄	이소부탄
비 용 적(km^3/kg)	0.537	0.408	0.408
공기에 대한 비중	1.522	2.006	2.006
착화한계(%) 공기에 대한 가스의 비율	2.0~9.5	1.5~8.5	1.8~8.4
고 발 열 량(kcal/kg)	12,050	11,855	11,841
고 발 열 량(kcal/Nm^3)	22,450	29,083	29,046

LP가스의 성질과 특징을 보면 다음과 같다.

① 상온상압에서는 기체 상태이나, 액화압력은 상온에서 7kg/㎠이다.

② 발열량은 26000kcal/㎥로, 발열량이 높다.

③ 밀도는 공기의 약 1.5배로, 공기보다 무거우므로 누출되면 바닥에 가라앉는다.

④ 착화온도가 440~480℃, 폭발범위는 2~10용적%이다.

LP가스(LPG)는 수송. 저장은 액체로 농축하고, 사용할 때는 기체의 연소 조절이 쉬운 이점이 있으므로, 최근 가장 많이 사용되고 있다.

2. 연소(燃燒)

연소는 일반적으로 탄소와 수소 또는 이들 화합물이 공기 중의 산소와 화합하여 고온의 열과 빛을 내는 산화반응을 말한다.

(1) 연소화학

공기는 표와 같이 산소와 질소로 되어 있으며, 그 중 산소는 O=O로 표시하는 것이 일반적이지만 실제적으로 .O-O.으로 표시하는 것처럼 화학적으로 활성을 가진 물질로 알려있다.

공기의 조성

성분	용적(몰)%	중량%
N_2	79.0	76.8
O_2	21.0	23.2

석탄의 불판연소를 생각해보면, 먼저 열분해하여 고체탄소. 가스 상태의 탄화수소. CO. H_2.. 등으로 된 다음 연소하는 것으로 생각 된다. 그 밖에 불활성의 물질(회분. 수분. 질소 등)을 함유하고 있으며, 이들 물질은 연소성에 크게 영향을 준다. 고체의 탄소는 가까운 산소로 고체 표면에서부터 연소하고 연소생성물은 확산되고, 새로운 산소와 치환되어 연소가 진행된다. 가스 상태의 탄화수소. CO. H_2의 연소에는 산소분자와 충돌한 연료분자가 끊겼다가 산소원자와 결합하는 등 여러 가지 유리기나 중간생성물을 만든다. 유리기는 불안정하여 반응성이 강하므로 산소와 바로 결합하거나 다른 원료 분자나 유리기와 반응하여 새로운 유리기를 만들기도 한다. 이와 같이 한번 반응을 시작하면 멈추지 않고 반응이 진행된다.

그림은 프로판의 완만연소에 있어 중간생성물을 나타낸 것이다.

가연 가스나 증기는 공기와 일정농도범위에서 폭발할 가능성이 있다. 그 범위를 폭발범위라고 하는데, 이 폭발범위 내에 있는 혼합가스가 착화하면 빠른 속도로 확산한다. 이 불꽃의 확산속도를 염전파속도라고 하는데, 표는 이들을 나타낸 것이다.

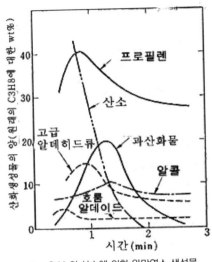

C$_3$H$_8$의 산소에 의한 완만연소 생성물
(압력 360mmHg, 400)

⟨가연가스의 폭발범위와 염전파속도의 최고치⟩

가스의 종류	공기 중의 가스용적(%)		염전파속도의최고치(cm/s)
	하한	상한	
CO	12.5	75.0	140
H$_2$	4.1	75.0	490
CH$_4$	4.9	14.9	75
C$_2$H$_2$	1.5	80.5	150
C$_3$H$_8$	2.2	9.5	105

공기와 연료 가스를 폭발범위내로 조성을 혼합한 후 가마 안에 불어 넣으면 혼합물이 착화온도에 이르면 연소하는데, 단화염의 고온을 얻을 수 있다. 이 불꽃을 예혼합염이라 한다. 연료가스와 공기를 따로따로 불어 넣어 연소시킬 때는 연료가스와 공기의 접촉면에서 연소가 이루어지므로 장화염이며 확산염이라 한다.

(2) 연소계산

연소가 적절히 이루어지는지 아닌지를 판정하기 위하여 발열량, 필요공기량, 이론단열염온도, 연소(폐)가스의 분석 결과로부터 과잉공기율을 구하는 계산방법을 기술하면 다음과 같다.

(가) 발열량

연료의 가치는 발열량으로 결정하는 경우가 많다.

고체·액체 연료의 경우

$H_1 = 8100C + 34000(H-O/8) + 25000S-600(9H+W)$

H_1 : 저발열량(kcal/kg)

C, H, O, S, W는 연료 1kg중의 탄소, 수소, 산소, 유황, 수분의 중량비(kg)이다.

기체 연료의 경우

$H_1 = 3020CO + 2570H_2 + 9500CH_4 + 15200C_2H_6$ ……

H_1 : 저발열량(kcal/cm³), CO, H_2, CH_4는 연료 1m³중의 일산화탄소, 수소, 메탄, 에탄의 배합비(m³)이다.

(나) 필요공기량

화학식과 같이 완전연소 시키는데 필요한 최소공기량이다.

고체·액체의 경우

$A_0 = 1/0.21\{1.867C+5.6(H-O/8)+0.7S\}$

A_0 : 이론공기량(m³/kg) C, H, O, S는 전항과 같다.

기체의 경우

$A_0 = 1/0.21(0.5CO + 0.5H_2 + 2CH_4 + 3.5C_2H_6 + \cdots)$

A_0 : 이론공기량(m^3/kg) C, H_2, CH_4, C_2H_6는 전항과 같다.

(다) 이론단열염온도

0℃의 연료를 0℃의 이론공기량으로 단열적으로 연소시킬 경우 불꽃의 최고온도를 말한다.

$\alpha = H_L/(v_0 \cdot C_p)$

α : 이론단열염온도(℃)　　　　　C_p : 폐가스비열(kcal/℃.m^3)

H_L : 저발열량(kcal)　　　　　v_0 : 이론폐가스량(m^3)

(라) 연소가스 분석결과로부터 과잉공기의 계산

$$\alpha = \frac{(O2) - (1/2)(CO)}{(N_2)(21/79) - \{(O_2) - (1/2)(CO)\}}$$

α = 공기과잉율

폐가스중의 산소, 1산화탄소의 비율을 (O_2), (CO), (N_2)로 한다.

(3) 연소장치

연소방법을 연료의 상태에 따라 나누면, 고체연료에 불판연소와 버너연소(미분탄연소)로, 액체연료와 기체연료는 버너연소로 한다.

과거에는 고체연료를 많이 사용 하였으나 지금은 거의 액체연료로 대체되고 있으며 기체연료도 많이 사용되고 있다. 얼마 전까지만 하여도 소형 단가마에는 회전식 버너가, 도예용의 셔틀가마에는 증발식의 장치를 사용하여 도자기 소성을 하였으나 지금은 거의 기체연료로 바뀌었다. 대규모 공장에서는 중유 연소로 소성하므로 중유연소 장치에 대하여 알아보기로 한다.

버어너의 구비조건은 다음과 같다.

① 무화가 잘 이루어 질 것.

② 구조가 간단하고, 고장이 적으며 견고할 것.

③ 취급이 간편하고 청소가 쉬울 것.

④ 급유량의 조절이 쉬울 것.

(가) 회전식버너

원뿔 또는 접시 모양의 캡을
2000~6000rpm으로 회전시
키고, 여기에 중유를 떨어뜨려
원심력에 의해 미세입자의 안
개 모양으로 되고 회전하면서
비산 한다. 동시에 캡 주위에
서 송풍기로 공기를 보내어 연
소 시키는 방법이다.

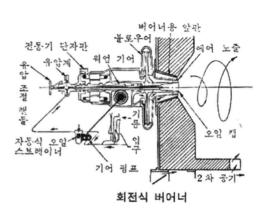

회전식 버어너

(나) 압력 분사식 버너

중유에 5~20kg/㎠의 압력으로 노즐로부터 분사시켜 안개모양으로
만드는 형식이다. 기름을 안개모양으로 만들기 위하여 회전하면서 노즐
로부터 분출하도록 되어 있
으며 연소용 공기는 송풍기
에 의하여 강제 송풍된다.

압력 분사식 버어너에는
순환식과 비순환식이 있는

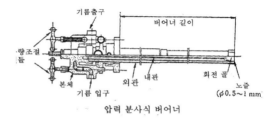

압력 분사식 버어너

데, 순환식은 버너의 노즐 바로 앞에 되돌아가는 관이 달려 있어서 분사
되지 못한 여분의 기름이 되 돌아가게 되어있다.

(다) 공기(증기)분사식 버너

공기 또는 수증기의 분류로 중유를 안개모양으로 만드는 방법으로
직접분사식(direct spray type)과 인젝터식(injector type)의 두가지
방법이 있다.

직접분사식은 버너 구멍으로부
터 흘러나오는 중유에 압력 0.5~3
kg/㎠ 정도의 공기 또는 증기를 충
돌시키는 방법이며, 인젝터식은 공
기 또는 증기의 분출에 의해서 중
유를 흡인하여 안개모양으로 만드
는 방법이다.

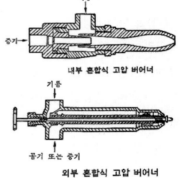

내부 혼합식 고압 버어너

외부 혼합식 고압 버어너

(4) 기체연료연소장치

기체연료로 공업에 사용되는 것은 발생로가스, 코우크스가스, 고로가
스, 천연가스, 그리고 액화석유가스 등이 있으며, 장치에는 버너연소와
포오트연소가 있다.

기체연료연소에 사용되는 버너에는 여러 가지 종류가 있지만 주로 쓰
이는 것은 예비혼합 연소 버너이고, 확산 연소형 버어너도 많이 쓰인다.

예비혼합 연소 버어너는 1차공기와 연소가스를 여러 가지방법으로
혼합하여 연소시키는 방법인데, 2차공기를 유인하여 사용하는 것과 유
인하지 않은 두 가지가 있다. 아래 그림의 저압 밸러스트 버어너는 공기
에 의해서 가스를 흡인하는 형식의 것으로 공기량을 증감하면, 연료 가

스량도 이에 비례해서 흡인되며, 혼합비율을 일정하게 유지시킬 수 있다.

확산 연소형 버어너는 공기와 가스를 미리 혼합하지 않고 따로따로 보내어 노즐 끝에서 혼합하여 연소 시킨다. 이 버어너는 가스와 공기를 예열 할 수 있는 장점이 있다.

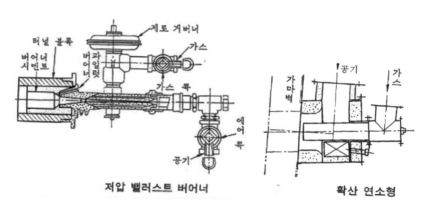

저압 밸러스트 버어너   확산 연소형

여원명화전(女苑名畵展)   세라믹 미로 作

내가 좋아하는 그림 – 秋銀姬(시인)
완전 연소의 작업 – 불과 흙의 예술 속에
미로의 영혼은 차원의 세계로 발돋움하고 있다.
흙더미와 타오르는 불길를 거쳤다고 믿을 수 없는 선명한 빛깔
그리고 도자기 위에 그려져 있는 인간의 모습, 별들의 대화, 꽃잎같은 기호 뒤엔
원점이 있다.

제8장

도자기에
생기는 결점

불량품이 명품
  - 서울공고 요업과 1회 졸업생 유재구 옹(1960년대 대한도기 고문)의 이야기이다.
소성 되어 나온 실습작품 중 부처 몇 개위에 한 개가 붙어 접착의 불량품이 나왔는데,
신기하여 전시회에 출품을 하였더니, 일제 조선 총독의 부인이 예약하였다 한다.

  1970년대, 가까운 청도 동화도기에 들렸는데, 어쩌다 도자기 폐품장에 발길이 옮겨
졌다. 소성되어 나온 제품은 직시 A, B, C급으로 분류하고, 나머지는 1년 입찰 계약한
업자가 기다렸다가 가려내고, 나머지는 폐품장에 버린다는 것이다.
  나는 여기 불량품 폐품장에서 이색반점 변형 등의 명품을 가려낸다.

제 1 절 결점의 종류

도자기제품의 결점 원인은 소지제조상의 결점, 성형상의 결점, 건조상의 결점, 유약조제상의 결점, 소성상의 결점, 채식상의 결점으로 크게 나눌 수 있으나 서로 연관성이 있으므로 주원인이 어느 공정에서 이루어 진 것 인지를 찾기란 쉽지 않다.

결점으로는 다음과 같은 것들이 있다.

1. 잔금; 균열(龜裂)

유약표면에 거북등처럼 갈라지는 현상을 말하는데, 소지보다 유약의 팽창계수가 클 때 생기는 현상이다. 고려청자의 균열은 경년 변화에 의한 후기 균열이며, 잔금은 결점이나, 소  성 후 의도적으로 생기게 하여 미적효과를 높이기 위해 만든 유약을 균열유라 한다.

2. 부풀음

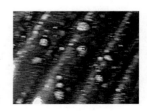

소지표면에 부풀어 오른 현상으로, 소성온

도가 지나칠 때 자화를 지나 연화단계에 모여 있던 기포나 열화학적 반응에 의해 생긴 가스가 팽창하여 생긴다. 유약이 엷게 되어 희게 보인다.

3. 유 흐름(釉垂下)

유약이 흘러내려 결점으로 나타날 때를 말한다. 유약이 두꺼울 때 일어나는 현상으로, 기물과 붕판이 융착하여 기물을 못 쓰게 될 때도 있으며 붕판에 손상을 주기도 한다. 흐름유나 결정유에서 많이 발생한다.

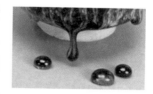

4. 유 벗겨짐

유약의 두께가 두꺼울 때나, 유약 바른 후 수축에 의하여 균열이 생겼을 때, 시유 전에 기물 표면에 먼지나 기름이 묻었을 때 생긴다. 앞의 경우는 손으로 균열 난 부분을 문질러 주면 방지 되는 수도 있다.

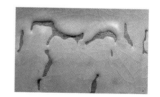

5. 갈라짐

소성할 때 생기는 경우도 있지만 대개는 건조할 때 생긴 것이 소성할 때 더욱 벌어져 눈으로 볼 수 있게 나타난다. 건조할 때 생

긴 것은 눈으로는 잘 보이지 않는다, 그러므로 염료를 탄 물이나 경유를 발라서 갈라진 부분이 진하게 나타나게 한 다음 가려낸다. 애자류는 두 꺼우므로 건조할 때 내외의 수분차로 인한 응력으로 잘 갈라지는데, 이 를 찾아 내기위하여 경유를 바르는데 이 공정을 경유검사라 하였다.

6. 변색(變色)

불꽃의 성질에 의하여 바라는 바탕색과 달라지는 현상을 말한다. 도예에서는 의도적으로 미적효과를 높이기 위하여 요변현상을 조장하는 경우도 있다.

7. 변형(變形)

모양이 찌그러지는 현상을 말한다. 소성온도가 너무 높았을 때 생기며, 심하면 내려앉는다.
오른쪽그림은 변형으로 인하여 생긴 접착과 변형 의 그림이다.

8. 접착(接着)

가마재임을 잘 못하였을 때, 다른 기물이 붙는 현상을 말하는데, 기계적 충격으로 제 거하면 흠집이 생겨 못쓰게 된다.

9 박열(剝裂)

소성 후 눈에 보이지 않게 갈라져 있는 현상으로, 소지의 팽창계수가 유약보다 클 때 생기는 현상이다. 도기에 많이 생기는데 접시류의 경우 소성 후 한 장씩 접시 위에 던지면 쨍쨍 하다가 툭  하는 탁음이 나거나, 깨어지면 제거하고, 또는 여러 장을 포개어 잡고 나무작업대에 쾅쾅 몇 번 충격을 주어 박열난 접시를 깨어 제거하기도 한다.

10.박락(剝落)

박열과 같은 원인으로 생기며, 기물의 모서리 부분에 유약이 튕겨 나가는 현상을 말한다. 도자기에서는 드문 현상이나, 법랑에서 많이 볼 수 있다.

11. 바늘구멍 : 소침공(小針孔)

핀홀(pine hole)이라고도 하는데, 전통 우리나라 도자기에는 잘 생기지 않으나 서구식(굳힘구이→유약구이) 소성법에 의한 도기에서 일어나는 현상으로 눈으로 쉽게 가려내기 어렵다.

그릇으로 사용할 때, 이 작은 구멍으로 물이 소지 안으로 스며들어 가면 소지가 수화 팽창하여 균열이 생기고 심하면 깨어지게 된다.

12. 이 밖의 결점

① 이색반점 : 채색료 등이 묻어 생긴 예상 외의 반점.

② 철분 : 원료중의 철분 덩어리가 미분쇄되지 않고 있다가 소성 후 검은색(Fe_3O_4)으로 나타난 반점.

③ 그을음(흡연현상) : 환원이 심하여 유약 안에 탄소의 미립자가 남아 융착한 흑변 등이 있다.

이야기-10 : 귀한 자식 총 잘 맞는다.

강의 중, 소성 후 수율이 70%이하면 망하고, 95%이상이 되어야 한다고 하니,

"교수님 우리학교에서는 초벌구이 과정에서 50%이상이 깨어지는데, 왜 그렇습니까" 하고 묻는다.

흙이기기 와 붙이기 요령은 초보인데, 공예과학생이라 눈은 이마에 있고 하니 붙이고 깎고 공을 들일수록 귀하게 되고, 귀하니 총은 잘 맞을 수 밖에 ....

제 2 절 원인과 결점

1. 소지 조제상의 결점

(1) 조성상의 결함

(가) 석영분이 너무 많을 때 : 자화가 되지 않으며, 자화가 될 경우 갈라
  짐이 생긴다.

(나) 장석이 너무 많을 때 : 자화가 빠르게 일어나며, 소성범위가 좁아
  변형이나 융착 현상이 생긴다.

(다) 점토가 너무 많을 때 : 수축이 많으며 불투명하고 구부러짐. 갈라짐
  현상이 일어나고, 주입성형 시 탈형이 어렵고, 시유가 어렵다.

(라) 석회분이 너무 많을 때 : 소성 중에 변형. 균열이 생긴다.

(2) 원료의 결함.

(가) 철분과 TiO_2분이 많을 때 : 황색을 띄며, 분산이 불균일할 때는 반
  점이 생긴다.

(나) 점토의 가소성이 부족할 때 : 성형이 어렵고, 건조균열. 건조강도가
  약하다.

(다) 가소성이 너무 클 때 : 수축율이 크고, 건조 강도가 크고, 건조 속도
  가 느리며, 주입성형할 때 탈형이 어렵고, 균열 원인이 된다.

(3) 분쇄도가 부적당 할 때

(가) 규석의 분쇄가 부족할 때 : 주입성형용 슬립의 입도분리. 기공율 증
    가. 소성체의 파면이 거칠다.

(나) 장석의 분쇄가 부족할 때 : 부분적 자화 발생.

(다) 소지 안에 층이 생길 때 : 불균일한 수축. 비틀림. 구부러짐이 생긴
    다.

(라) 소지안의 수분이 불균일할 때 : 건조할 때 비틀림. 갈라짐이 생긴
    다.

(마) 소지 안에 기포가 있을 때 : 소성후 비틀림. 구부러짐과 핀홀이 생
    긴다.

(4) 주입용 슬립의 결함

(가) 슬립농도가 진할 때 : 유동성이 적어 배장이 잘 안 된다.

(나) 슬립이 묽을 때 : 물과 분리하고, 틀이 잘 젖는다.

(다) 가소성이 적을 때 ; 균열발생. 탈형 곤란.

(라) 가소성이 너무 클 때 : 틀에 흡착속도가 느려진다.

(마) 해교제 과소 또는 과다할 때나, 유해염류가 들어 있을 때 : 기포가
    생기고 성형곤란, 표면이 파상으로 됨.

(5) 성형상의 결점

(가) 수분이 많은 흙으로 성형할 때 : 건조수축이 커서 변형, 균열이 생
    김.

(나) 수분이 적은 흙으로 성형할 때 : 균일 압력조정이 곤란. 성형 시 균
    열. 가압성형 시는 층리. 균열발생.

(다) 스펀지로 지나치게 손질 했을 때 : 표면에 점토분이 적어짐.

(라) 사용형이 부적당 할 때 : 건조. 소성 후 비틀림과 균열 발생.

(마) 탈형이 빠를 때 : 변형 발생.

(바) 가압성형 시 공기가 있을 때 : 소지에 층리. 균열. 부풀음 발생.

(6) 건조시 발생하는 결점

(가) 급속 건조할 때 : 비틀림. 균열 발생.

(나) 불균일한 건조 시 : 구부러짐. 비틀림. 균열발생.

(다) 건조가 불완전 할 때 : 소성 파(깨어짐). 급소성과 같다.

2. 유약 조제상의 결점

(1) 유약조성이 부적당할 때

(가) 저온용융 유약을 썼을 때 : 소성시 흐름. 유하채색료가 변색.

(나) 고온용융 유약을 썼을 때 : 표면이 파상. 광택부족.

(다) 생 고령토 함량이 많을 때 : 수축이 커서 균열. 벗겨짐.

(라) 생 고령토 양이 적을 때 : 유약원료의 분리침적.

(마) 유약의 팽창계수가 너무 클 때 : 구부러짐. 균열. 갈라짐 발생.

(바) 유약의 팽창 계수가 너무 적을 때 : 구부러짐. 균열. 유약 말림 발생.

(2) 유약의 분쇄가 부적당할 때

(가) 분쇄 과도 : 균열. 유약 말림 발생.

(나) 분쇄 부족 : 유약 면이 파상. 광택부족.

(3) 유약 슬립의 농도

(가) 슬립이 묽을 때 : 입자의 분리. 초벌구이 소지에 급속 흡수되므로 유약이 두껍게 발라지지 않는다.

(나) 슬립이 진할 때 : 마음대로 시유되지 않음. 유층이 두꺼워짐. 유약이 벗겨짐.

(4) 부적당한 기물에 시유 했을 때

(가) 표면이 울퉁불퉁 할 때 : 균등시유가 되지 않음.

(나) 초벌구이 온도가 낮을 때 : 소지가 풀어질 때가 있음.

(다) 초벌구이 온도가 높을 때 : 흡수가 잘 안됨. 유약층 얇아짐.

3. 소성상의 결점

(1) 초벌구이(素燒)에서의 결점

(가) 초벌구이 온도가 낮을 때 : 강도가 약하고, 안개현상과 기포 발생.

(나) 초벌구이 온도가 높을 때 : 변형과 변색.

(다) 가열 속도가 빠를 때 : 파열. 균열. 흡연형상 발생.

(라) 냉각 속도가 빠를 때 : 균열 및 파열 발생.

(2) 참구이(本燒)에 서의 결점.

(가) 온도상승이 급격할 때 : 소성균열. 핀홀. 부풀음 현상 발생.

(나) 소성온도가 낮을 때 : 자화 불균일.

(다) 소성온도가 높을 때 : 변형과 변색.

(라) 부분적 온도차가 클 때 : 변형 비틀림 발생.

(3) 가마 안의 가스조성이 나쁠 때

(가) 산화가 강할 때 : 제품이 황색(黃色)을 띰.

(나) 환원이 강할 때 : 황록색을 띄고, 탄소부착(흑변).

(다) 소성 중에 산화나 환원이 부적절 : 변색이 생김.

(라) 가마 안의 가스에 유황분이 많을 때 : 흑변. 광택소실. 핀홀 생김.

(4) 나쁜 내화갑을 사용했을 때

(가) 규석분이 많은 갑 : 갑파(匣破)가 생김.

(나) 황화철이 많은 갑 : 철 반점 발생.

(다) 열간하중이 약한 갑 : 기물이 구부러짐, 비틀림 발생.

(라) 갑 소지의 가소성이 적을 때 : 갑파와 부스러기 떨어짐.

(마) 내화도가 낮은 갑 : 변형. 사용 회수가 짧음.

(바) 내화도가 높은 갑 : 갑파. 부스러기 떨어짐.

(사) 금이 간 갑 : 재 붙음(고체연료 사용 시)

도자기 교본 – 이론과 실제

처음 펴낸날	2019년 3월 12일
제4쇄 펴낸날	2024년 3월 15일
지은이	토암(土菴) 배윤호(裵潤鎬)
펴낸이	박상영
펴낸곳	정음서원
	서울시 관악구 서원 7길 24 102호
	전화 02-877-3038 팩스 02-6008-9469
신고번호	제 2010-000028 호
신고일자	2010년 4월 8일

ISBN 979-11-950324-9-5 13570
값 12,000원